Ravensburger Freizeit-Taschenbücher Band 232

Manfred Schulze

Kompost und Regenwurmzucht

Otto Maier Verlag Ravensburg

Dieses Buch basiert auf den entsprechenden Kapiteln aus dem Buch von Manfred Schulze „Biogemüse selber ziehen“, Otto Maier Verlag, Ravensburg 1985

Illustrationen: Neil McCloskey
Umschlaggestaltung: Werner Fichtner, Stuttgart
Satz: Fotosatz Ruderer, Grünkraut
Druck und Verarbeitung: Ebner Ulm
Printed in Germany

90 89 88 87 86 5 4 3 2 1

ISBN 3-473-43232-6

Inhalt

Einleitung

Vom Segen des Komposts

Gemüse aus dem eigenen Garten erfreut sich heute großer Beliebtheit. Auch ein Gang durch die Buchhandlungen zeigt es deutlich: Nie gab es mehr Bücher zum naturnahen Gartenbau, zum Gemüsebau auf dem eigenen Stück Land als heute. Dem Supermarkt zum Trotz gewinnt Selbstversorgung neue Freunde: Kaum eine Gemeinde kann dem wachsenden Wunsch der Bürger nach Nutzgärten gerecht werden. Für viele Menschen ist das selbstgezogene Gemüse aber auch billiger, was in der Haushaltskasse kräftig zu Buche schlagen kann. Gärtnern macht zudem Spaß, hält den Körper fit, und selbstgezogenes Gemüse schmeckt eben doppelt gut. Ob Anfänger oder Profi, wer seinen Garten mit Erfolg bestellen will, wer statt Kunstdünger und chemischen Spritzmitteln auf die Natur vertraut, der muß auf seinen eigenen Dünger bauen, sprich seinen Gartenboden mit genügend Kompost versorgen. Kompost ist die Wunderwaffe des Bio-Gärtners, ob er privat auf wenigen Quadratmetern werkelt oder die Gärtnerei großflächig als Gewerbe betreibt. Jene Ansammlung organischer Stoffe, die irgendwo im Garten auf einem Haufen gesammelt werden und unterschiedlich stark verrottet sind, stellen aber noch lange keinen Kompost von gärtnerischer Kraft dar. Wie aus Abfällen im Laufe der Zeit wertvoller, nach frischem Waldboden duftender Humus wird, scheint eine Art wundersamer Verwandlung – die Alchimie der Kompostierung. Und der Begriff Alchimie ist gar nicht so falsch, denn die Wissenschaft hat den Prozeß der „Humifizierung" im Kompost längst nicht restlos erklärt. Aber dank gärtnerischer Erfahrung läßt sich dieser Prozeß planvoll steuern und nützen. Diese Technik der Kompostierung will das vorliegende Büchlein lehren, aber nicht in jedermann längst bekannter Form, sondern in

der heute fortschrittlichsten Variante, der Kompostierung mit Hilfe von planmäßig eingesetzten Regenwürmern.
Jeder Gärtner macht rasch eine grundlegende Erfahrung: Erntet er zwar fleißig, aber vergißt andererseits ausreichenden Nachschub an Dünger, so wird der Boden prompt schwach, es kommt innerhalb kurzer Zeit zu allerlei Mangelerscheinungen wegen der fehlenden Nährstoffe und zu erhöhter Anfälligkeit der Pflanzen für Erkrankungen. Das Gemüse kümmert vor sich hin, der Gärtner kratzt sich verärgert am Kopf.
Der Garten entspricht einem fast in sich geschlossenen Kreislauf der Stoffe. Hier beginnt der planmäßige Einsatz der Kompostwirtschaft. Für Kompost spricht nicht nur der Wunsch nach gesundem, ohne Chemie gezogenem Gemüse, der neue Trend zur Kompostierung nimmt auch eine gute alte Tradition wieder auf: Haushaltsabfälle nicht wegzuwerfen, sondern wiederzuverwerten. Heute spricht man neudeutsch von „recycling" – in den Kreislauf zurückbringen. Wie modern waren schon die vielen Gartenfreunde, die seit eh und je ihre organischen Abfälle sammelten und in den Garten brachten! Die Müllflut ist heute für Gemeinden und Regionen zu einem fast unlösbaren Problem geworden. Will man dem wachsenden Müllberg überhaupt noch Herr werden, reicht es nicht aus, Wertstoffe zu sammeln (Papier, Altglas, grüne Tonne usw.), sondern gerade der Anfall von Hausmüll muß rigoros verringert werden: Rund 60 Prozent des Haushaltsmülls bestehen aus sogenanntem organischem Material – und da wird über kurz oder lang nur die Kompostierung helfen.
Jeder Bio-Gärtner schlägt also zwei Fliegen mit einer Klappe: Erfolgversprechender Anbau von Gemüse und Obst ist nur bei Verwendung ausreichend großer Kompostmengen möglich, will man den Einsatz von Mineraldüngern grundsätzlich ausschließen. Das gilt besonders bei stark verarmten Böden in Gärten, die ohne natürlichen Besatz mit Regenwürmern und mit stark reduziertem Bodenleben auskommen müssen. Grundsätzlich sind alle organischen Stoffe, die nicht giftig oder mit Krankheitskeimen verseucht sind, kompostierbar – man spricht von kompostiblen Substraten. Hinzu kommen Anteile mineralischer Stoffe (Minimumstoffe und Spurenelemente) sowie stets ein Grundanteil an Mutterboden; dieser wird meist zusammen mit den Pflanzenresten in die Kom-

post-Sammelstelle gebracht oder als Abdeckung auf den Komposthaufen gegeben. Da in den meisten Gärten die Menge der kompostiblen Substrate aus dem Garten selbst viel zu gering ist, um eine nachhaltige Bodengesundung einzuleiten, ist es nur konsequent, die Kompostwirtschaft mit Hausmüll zu intensivieren.
An dieser Stelle ein Wort zum Einsatz von Torf. Die meisten Gärtner versuchen, den Mangel an organischen Stoffen im Boden durch Torf auszugleichen und damit die Wasserhaltefähigkeit des Bodens zu verbessern. Der Einsatz von Torf ist indessen nur bei Kulturen ratsam, die saure Bodenreaktion vertragen. Hierzu gehören z. B. Rhododendren und einige Beerensorten. Die überwiegende Zahl der Kulturpflanzen benötigt dagegen einen ausgeglichenen pH-Wert, der durch Torf nicht garantiert werden kann. Häufig wird Torf als „Düngetorf" angeboten, der dann mit standardisierten Mineraldüngerbeigaben versehen sein soll. Erfahrungsgemäß führt aber die Verwendung solcher Substrate nicht zu einer Verbesserung der Mikrofauna des Bodens, insbesondere deshalb nicht, weil die meisten Mikroorganismen durch Mineraldünger ungünstig beeinflußt werden, von den größeren Bodenlebewesen gar nicht zu reden.
Ein weiteres Argument spricht gegen Torf: Der Abbau ist ökologisch heftig umstritten, Genehmigungen laufen aus, an vielen Orten werden teure Anstrengungen unternommen, die Restmoore zu revitalisieren. Weiterer Verlust an Moorflächen kann aus naturschützerischen Gründen nicht hingenommen werden. Seit einiger Zeit wird nach sogenannten Torfersatzstoffen gesucht. Als solcher bietet sich etwa Rindenkompost an. Saurer Regen, Borkenkäfer und Chemieeinsatz im Wald schädigen jedoch Holz und Rinde, und die Kompostqualität ist noch nicht zufriedenstellend. Während für Großbetriebe der Einsatz von Rinde recht interessant werden kann, bleibt für den Kleingärtner die private Kompostierung im eigenen Garten (oder, wo möglich, im Verbund einer Kleingartenanlage) das Verfahren der Wahl. Das Eigeninteresse des Gärtners an Qualitätsprodukten schließt fahrlässigen Umgang mit schädlichen Stoffen praktisch aus, sorgfältiges Sammeln und Vorsortieren des Hausmülls vermeidet höhere Schwermetallgehalte.

Vom Kompost und Humus

Die Begriffe Humus und Kompost werden in den meisten Gartenbüchern und unter Hobbygärtnern als austauschbare Begriffe verstanden, mancher spricht auch von „Humuskompost". Freilich stößt jede Definition hier auf Schwierigkeiten. So viel von Kompostbereitung die Rede ist, so wenig erfährt man meist, was Kompost wirklich ist. Die einfachste Erklärung sieht etwa so aus: **Humus** entsteht auf natürlichem Wege bei der Zersetzung von Pflanzenresten (Laub, Astwerk, Kräuter, Gräser u. a.) und ihrer Umwandlung im Boden. Das beste Beispiel für Humus ist die Boden-Schichtung eines natürlichen Laubwaldbestandes. **Kompost** wird gezielt für den Einsatz im Garten aus pflanzlichen und tierischen Stoffen unter Zugabe von Mineralien und Bodenverbesserungspräparaten hergestellt. Je nach Herkunft der Hauptsubstrate darin unterscheidet man etwa Laub-, Holz-, Stroh-, Mist-, Lehmkompost usw.

Unter dem Einfluß der Bodenlebewesen entstehen dabei die dauerhaften bodeneigenen Huminstoffe. Diese Ab- und Umbauprozesse werden vom Landwirt und Gärtner auch als **Rotte** bezeichnet. Äußerlich ist die Humifizierung leicht am immer dunkler werdenden Material zu erkennen. Die chemischen Vorgänge bei der Entstehung der Huminstoffe sind ziemlich kompliziert und noch nicht vollständig erforscht. Zu guter Letzt werden dabei stabile Produkte, die weitgehend wasserunlöslichen Ton-Humus-Komplexe, aufgebaut. Der in den Huminstoffen festgelegte Stickstoff bildet das eigentliche Stickstoffreservoir des Bodens. Die Ton-Humus-Komplexe sind praktisch natürliche Düngerpartikel, die nur langsam, angeregt von den Pflanzenwurzeln, mineralisiert, also pflanzenverfügbar werden.

In dieser Eigenschaft liegt ihr großer Wert für den Gärtner und der wesentlichste Unterschied zum Mineraldünger, der leicht vom Regen ausgewaschen werden kann, in den Unterboden abwandert und für die Kulturpflanze nicht mehr verfügbar ist. Der Gärtner bedient sich bei der Kompostbereitung zielstrebig der Gesetzmäßigkeiten, die bei der natürlichen Humusbildung vorherrschen, wenn er seinen Kompost rasch und effektiv in Humus verwandeln will. Wie in der Natur, ist der Regenwurm dabei der beste Gehilfe des Gärtners.

Neben der Bedeutung als Nährstoffträger (Stickstoffreservoir) kommt dem Ton-Humus-Komplex eine wichtige Funktion bei der Schaffung einer günstigen Bodenstruktur zu. Die Bodenorganismen tragen durch ihre Tätigkeit zu einer guten Belüftung und Wasserführung bei. Ergebnis ist die sogenannte Krümelstruktur des Bodens, die für ausreichende Poren und Hohlraumverteilung im Boden sorgt. So ein Boden ist locker, gut durchlüftet und durchfeuchtet. Er bietet den Pflanzen optimale Wachstumsbedingungen.

Dem Erhalt einer günstigen Bodenstruktur dient die ständige Zufuhr organischer Stoffe (oberflächliches Einarbeiten von Kompost) und Bodenbedeckung durch organische Reste (Mulchen). Mulchen hemmt die Austrocknung des Bodens und sorgt für eine gleichbleibende biologische Aktivität (Schattengare). Die Regenwürmer legen unter diesen Bedingungen ihre Losung vermehrt an der Oberfläche ab. Der Boden wird so noch wirkungsvoller durchmischt und gelockert. All dies läßt sich auch beim Kompostieren nutzen: Die verschiedenen Ausgangsbestandteile eines Komposthaufens werden innig miteinander vermischt und durchlaufen die verschiedenen Stufen der Humusbildung. Daher besteht selbst bei Überdosierung einzelner Zutaten kaum die Gefahr einer einseitigen Belastung des Komposts oder ein Mangel wertvoller Inhaltsstoffe – Ungleichgewichte werden durch den Kompostierungsprozeß gewissermaßen abgepuffert.

Mietenkompost und Silokompost

Bei der Kompostierung von Garten- und Haushaltsabfällen lassen sich zwei verschiedene Techniken realisieren. Je nach Menge des anfallenden Materials kommt das Mietenkompostverfahren oder der Silokompost in Frage. In kleinen Gärten ist heute der Silokompost sehr viel weiter verbreitet als der Mietenkompost, der in erster Linie in Gärtnereien, aber auch in großen Gärten seine Vorzüge hat.

Mietenkompost: Das Verfahren der Wahl

Es soll an erster Stelle stehen, weil es in der Handhabung nicht nur einfach ist, es bietet auch den größten Einblick in das Kompostgeschehen und die sicherste Kontrolle über den einwandfreien Werdegang und jeweiligen Reifegrad des Kompostes. Deshalb sollte man dieses Verfahren vorziehen, wenn immer die Platzverhältnisse im Garten und der Anfall von Kompostmaterial es zulassen.

Plazierung der Kompostanlage
Kompostarbeitsplatz und Kompostmieten sind möglichst in Nähe der Freilandbeete und in Nähe des Gewächshauses vorzusehen. Der Platz soll eben, möglichst schattig und leicht zugänglich und der Untergrund locker und durchlässig, also nicht plattenbelegt oder betoniert sein. Das ist für den Zutritt der Bodenorganismen sehr wichtig; ferner wird ein organischer Gesamtkörper erzielt, der für eine harmonische Wasserführung und zuträgliche Temperaturverhältnisse (besonders im Winterhalbjahr) sorgt.

Größe und Zahl der Kompostmieten

Eine Kompostmiete wird etwa 1,50 m breit und 1,20 m hoch angelegt – je nach Menge des Rohmaterials. Da für das Mietenkompostverfahren eine Gesamtreifezeit von etwa zwölf Monaten erforderlich ist, muß man den Platz für vier Mieten vorsehen. Falls der Kompostanfall nicht sehr groß ist, können die Ausmaße der Miete entsprechend kleiner gehalten werden (1 m breit, 1,50 m lang, 1 m hoch). Diese Maße dürfen nicht unterschritten werden, weil sonst keine optimale Verrottung sichergestellt ist. Bei weniger Materialanfall kompostiert man zweckmäßigerweise in Kompostsilos.

Kompostmaterial

Alle organischen Abfälle, die in Küche und Garten anfallen, eignen sich zum Kompostieren. Dazu gehören auch Eierschalen, Schalen von unbehandelten Zitrusfrüchten, Obstreste, Lauchabfälle, Zwiebelschalen, Kaffee- und Teesatz etc. Die fünf letzteren fördern ganz besonders das Wurmleben. Ferner sind günstig: Rasenschnitt, locker aufgebracht und in nicht zu großen Mengen, samenfreies Unkraut, Stauden- und junger Baumschnitt, der vorher auf 5 bis 10 cm Länge zerkleinert wurde. Dieses Material, in der richtigen Mischung, ist für die Durchlüftung der Miete günstig und wichtig. Zwischenlagen aus Stroh und organischem Stickstoffdünger vermitteln den aeroben Bakterien den nötigen Sauerstoff und Stickstoff, den sie zum Leben benötigen.

Der Hausmüll sollte beim Ausleeren in die Kompost-Sammelstelle sofort mit einer dünnen Schicht Gesteinsmehl bestreut werden, damit die Geruchs- und Feuchtigkeitsbindung erfolgen kann. Ein Mischen mit anderen, eher trockenen Substraten ist empfehlenswert. Schon in die Kompost-Sammelstelle kann bei Überwiegen des Zelluloseanteils der Roh-Substrate jeweils eine Portion Rizinusschrot oder Hornspäne eingestreut werden. Will man Sägespäne kompostieren, so muß man diese in tierische Jauche oder Brennesseljauche einweichen. Desgleichen verfährt man mit dem Anteil an Zeitungspapier. Der Grund hierfür ist einmal mehr die Verbesserung des Kohlenstoff-Stickstoff-Verhältnisses schon im Ausgangssubstrat.

Etwas arbeitsaufwendig, aber hygienisch sowie bodenbiologisch sehr wirksam ist es, wenn alle Substrate vor dem Ablegen in die Kompost-Sammelstelle wirkungsvoll zerkleinert werden (Vorzerkleinerung). Gute Dienste leisten hierzu Gartenhäcksler. Hier ist ein intensiver Markt- und Qualitätsvergleich aber ratsam. Gärtnergemeinschaften, Kleingartenvereine usw. sollten sich den Kauf und die gemeinsame Nutzung von größeren Systemen mit Hammerwerk überlegen (z. B. System Universal der Fa. Möschle).

Mischen des Kompostmaterials

Alle Küchen- und Gartenabfälle, zerkleinerte Stauden, Rasenschnitt, Rohmaterial von durchgesiebtem Fertigkompost usw. werden wahllos so lange auf einer Kompost-Sammelstelle gelagert, bis sich das Aufsetzen der Kompostmiete lohnt. Je vielseitiger die organischen Abfälle sind, desto besser wird der Kompost. Vor dem Aufsetzen der Miete wird das Material tüchtig mit der Gabel durchmischt und, wenn nötig, mit Regenwasser angefeuchtet.

Sammelstelle ist kein Komposthaufen

Ein Problem der „Kompostbereitung“ ist die Lagerung während der Vegetationszeit und während des übrigen Jahres, damit weder unliebsame Gäste (etwa Nagetiere) sich ansiedeln, noch „ästhetische“ Anstöße auftreten. Geruch und der optische Anblick können den Gartenbesitzer selbst stören, besonders aber den häufig kritischen Nachbarn mißliebig ins Auge stechen. Besonders, wenn Haushaltsmüll verwendet wird, muß die Lagerung zudem hygienisch einwandfrei sein. Das Material wird in der Vegetationsphase vornehmlich in Form noch grüner Pflanzenteile anfallen, im Herbst wird es aus Laub bestehen, während des Spätherbstes und Winters bis zum Frühjahr kommen Zweig-, Baum- und Strauchschnitte hinzu, und schließlich fallen das ganze Jahr über Küchenabfälle einschließlich Kartonagen und Zeitungspapier an. Hält der Gärtner auch Kleintiere, so muß auch deren Mist mit in die Lagerung einbezogen werden. Man kann all dies, die Kompost-Rohsubstanz, nicht einfach irgendwo auf einen Haufen türmen, um sie schließlich halb verrottet als „Kompost“ zu nutzen. Vielmehr ist eine geordnete und systematische Zwischenlagerung unumgänglich und sollte in einer eigens dafür eingerichteten Sammelstelle erfolgen. Am besten baut man sich aus Brettern oder Gitterteilen eine

Was alles auf den Kompost gehört.

Mist
von Stall und
Haustieren
Wollabfälle
Kartoffelkraut
Obstreste
Wellpappe Zeitungen
Baum-und Strauchschnitt
Rasenschnitt
Laub

Sammelbucht oder -hürde an schattiger Stelle zusammen. Wie beim eigentlichen Kompostsilo ist darauf zu achten, daß ausreichend Luft von den Seiten an die gelagerten Substrate herankommen kann. Die Größe der Kompost-Sammelstelle richtet sich nach der Menge des durchschnittlichen Abfalls, der innerhalb von 6 Wochen zusammenkommt. Spätestens nach 6 Wochen sollte das locker aufgeschichtete Rohsubstrat zur Erweiterung des Komposthaufens dienen. Eine Schichtung des Materials ist kaum praktikabel, weil sich die Substrate in unterschiedlicher Menge und Reihenfolge ansammeln.
Gut belüftet (nötigenfalls unterstützt durch ein an der Basis der Sammelstelle eingeschobenes Dränagerohr) entwickeln sich kaum oder keine Gerüche, die Fäulnisbakterien verraten würden. Ohne Geruch stellen sich auch keine Nager ein.
Die wichtigste Arbeit vor dem Ablegen der Kompost-Rohsubstrate ist aber eine hinlängliche Vorzerkleinerung mit einem Häcksler oder mit dem Beil. Wer einen motorgetriebenen Gartenhäcksler (Shredder) besitzt oder ausleihen kann, ist natürlich besser dran. Werden feuchte Substrate auf den Haufen geworfen, so streut man am besten eine dünne Schicht Erde darüber. Noch besser ist es, in der Nähe einen Sack mit Gesteinsmehl zu haben, aus dem eine dünne Schicht über das Rohsubstrat gepudert wird. Das Mehl bindet den Geruch und sorgt für Hygiene, ohne die Mikroorganismen zu vertreiben. All dies hilft jedoch wenig, wenn man die Sammelstelle nicht regelmäßig ausräumt und den Inhalt entweder einer Vor-Rotte für die Wurmkompostierung, oder einem in Aufbau begriffenen Komposthaufen, einem Kompostsilo oder einer Silokompostierung mit Regenwürmern zuführt.
Fassen wir zusammen: Die Kompost-Sammelstelle ist eine unerläßliche Zwischenlagerungsstelle, in der das kompostible Substrat nach hygienischen und ästhetischen Gesichtspunkten im Hinblick auf die anschließende Kompostierung behandelt und etwa 6 Wochen gelagert werden kann.

Aufsetzen der Kompostmiete

Die vorgesehene Grundfläche wird mit gehäckseltem Stroh, zerkleinertem Stauden- oder Baumschnitt oder sonstigem grobem, organischem Material etwa 10 bis 15 cm abgedeckt. Das macht den

Das Aufsetzen der Kompostmiete: Grundfläche abdecken (a), Material mischen (b), Algomin darüber streuen (c), Brennesseln oder andere krautige Pflanzen darüber verteilen (d), nächste Schicht mit Stroh auftragen (e), Dünger aufstreuen (f), mit Regenwasser übergießen (g) und die fertige Miete abdecken (h).

Kompostaufbau luftig, und es tritt keine stauende Nässe auf. Dann folgt die erste Lage des gesammelten, gut gemischten Kompostmaterials mit etwa 20 cm Stärke. Darüber pudert man etwas Algomin (Algenkalk). Zur Aktivierung des Bodenlebens gibt man darauf eine 2 bis 5 cm starke Zwischenschicht von zerkleinertem Brennessel-, Schafgarbe- oder Kamillenkraut, auch Klee ist geeignet. Nun folgt wiederum eine Schicht gehäckseltes Getreidestroh, etwa 10 cm stark. Über das Stroh streut man einen organischen Stickstoffdünger, zum Beispiel Rizinusschrot oder Hornspäne (100 g je qm), und überbraust es leicht mit Regenwasser. Der weitere Aufbau wiederholt sich wie vorstehend aufgeführt, das heißt, man beginnt wieder mit einer Schicht von etwa 20 cm gemischtem Kompostmaterial, überpudert mit Algomin usw.
Nach dem Aufsetzen der Kompostmiete bis zu ungefähr 1,20 m Höhe empfiehlt sich das Abdecken mit gehäckseltem Getreidestroh, Rasenschnitt oder eventuell auch Laub. Dies verhindert das Austrocknen der obersten Kompostschicht und fördert dadurch den Verrottungsvorgang. Nach einigen Tagen sinkt die Miete in sich zusammen. Die Innentemperatur wird in der Anfangsphase bis zu 65 °C ansteigen. An kühlen Tagen bildet sich Dampf, ein sicheres Zeichen dafür, daß die aeroben Bakterien arbeiten. Die hohen Temperaturen gehen dann langsam wieder zurück. Jetzt ist es ratsam, Feuchtigkeitsverluste auszugleichen, indem man das Kompostmaterial gut mit Regenwasser begießt. Nach 10 bis 12 Wochen muß man die Miete umsetzen. Dies erkennt man daran, daß alle Pflanzenabfälle, auch die Strohzwischenlagen, halb verrottet und frei von Geruch sind. Sind noch nicht angerottete Pflanzenteile dabei, so war der Kompost zu trocken. Stinkt das Kompostmaterial, so war die Kompostmiete zu naß.

Das erste Umsetzen der Kompostmiete erfolgt nach 10 bis 12 Wochen

Mit der oberen Abdeckung der ersten Miete bedeckt man die Grundfläche der zweiten, neu aufzusetzenden Miete. Dann wird von der ersten Miete Stück für Stück mit der Gabel auf diese erste Schicht der zweiten Miete gebracht, etwa 20 cm hoch, und mit Algomin überpudert. Für die folgende Zwischenschicht von 2 bis 5 cm sollte im Gegensatz zur ersten Miete Kuhmist oder sonstiger tierischer Mist verwendet werden. Dünne Zwischenschichten von Lauch- und Zwiebelabfällen, Obsttrester sowie Kaffeesatz eignen sich auch sehr gut. Dadurch kann sich der Regenwurm stark vermehren. Auf diese Lage folgen 10 cm gehäckseltes Getreidestroh oder sonstige grobe, organische Abfälle. Über das Stroh streut man je qm 100 g Rizinusschrot oder Hornspäne und überbraust das Ganze mit etwas Regenwasser. Der Aufbau wiederholt sich jetzt wieder mit einer Schicht von etwa 20 cm der ersten Kompostmiete usw. Auch diese frisch aufgesetzte Kompostmiete wird mit Stroh, Rasenschnitt oder Laub abgedeckt.

Die zweite Miete fällt langsamer in sich zusammen als die erste. Die Temperaturen steigen in der Anfangsphase auf 35 °C und pendeln sich dann bei 16 bis 18 °C ein. Man muß immer auf die richtige Feuchtigkeit achten. Das Kompostgemisch soll die Feuchte eines

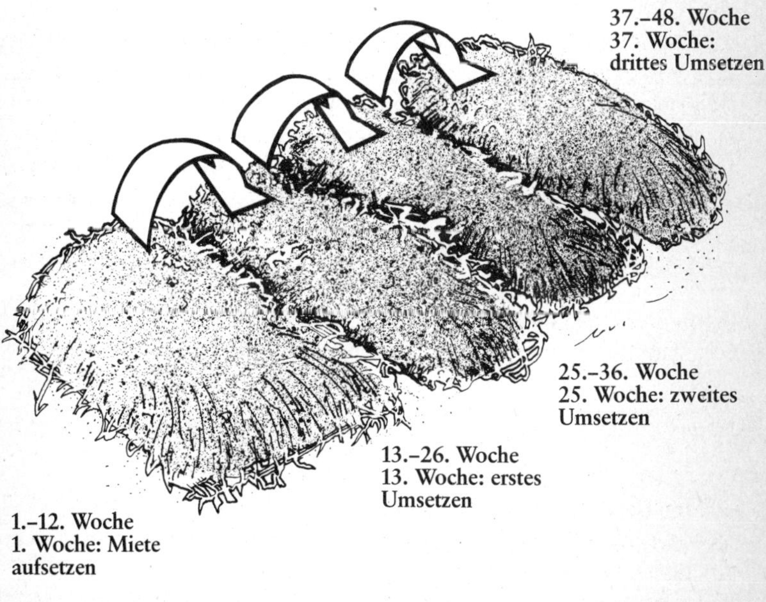

Umsetzen der Kompostmiete. Das Umsetzen der Miete kann etwa ab Mitte März beginnen und im Spätherbst beendet sein. Während des Winters ist Ruhezeit.

gut ausgedrückten Schwammes haben. Die Regenwurmentwicklung ist zu beobachten. Diese vermehren sich jetzt rasch. Nach weiteren 10 bis 12 Wochen ist der Kompost so weit verrottet, daß man ihn schon gut als Mulchdünger für starkzehrende Pflanzen verwenden kann. In dieser Entwicklungsphase ist alles weiche Kompostmaterial verrottet.

Das zweite Umsetzen der Kompostmiete erfolgt nach insgesamt 20 bis 24 Wochen

Man verfährt wie beim ersten Umsetzen. Die Zwischenschichten aus Kuhmist oder Obsttrester werden beibehalten. Auf Stroh kann man verzichten, wenn das Kompostmaterial die richtige Feuchte hat. Zu trockenes Kompostmaterial wird mit Regenwasser überbraust. Jede zweite Schicht überpudert man mit Algomin und die Schicht dazwischen mit Rizinusschrot. Die Miete wird wiederum gut mit Rasenschnitt oder ähnlichem 5 bis 10 cm hoch abgedeckt. Nach weiteren 10 bis 12 Wochen ergibt die zum zweiten Mal umgesetzte Miete einen guten Mulchkompost. Auffallende Merkmale dafür sind ein dunkler, lockerer Boden, erdiger Geruch und die Anwesenheit vieler Regenwürmer.

Das dritte Umsetzen der Kompostmiete erfolgt nach insgesamt 30 bis 36 Wochen

Wieder wird in bewährter Weise verfahren. Auf die Zwischenschichten von Kuhmist, Obsttrester und Stroh kann man verzichten. Beibehalten wird nur das Einpudern mit Algomin, abwechselnd mit Rizinusschrot. Auch jetzt ist immer auf die richtige Feuchtigkeit zu achten. Das Abdecken mit Rasenschnitt, Stroh oder Laub darf nicht vergessen werden. Die so aufgesetzte Kompostmiete muß etwa 10 bis 12 Wochen ruhen.

Vom Anlegen der Kompostmiete bis zu diesem Zeitpunkt sind unter Berücksichtigung der Ruhepause im Winter (etwa Dezember bis Februar) in der Regel 40 bis 48 Wochen vergangen. Der Kompost hat jetzt seine Reife erreicht. Er ist dunkelbraun, porös, locker und krümelig. Er enthält viel Kalium, Phosphor, Magnesium, etwas Stickstoff und sehr viele Spurenelemente. Regenwürmer sind nicht mehr so reichlich vorhanden. Dafür enthält dieser Kompost noch viele Regenwurmeier und Kleinstwürmchen.

Dieser reife Kompost wird vor Gebrauch durch ein Wurfgitter mit einer Maschenweite von 15 mm gesiebt. Die Rückstände werden zur Belebung weiterer Mieten verwendet. Man sollte immer nur so viel sieben, wie man benötigt. Der Kompost verliert durch längere Lagerzeit nicht an Wert. Muß der Platz für die nächste Kompostmiete frei werden, setzt man den Fertigkompost an eine andere Stelle um und deckt ihn wieder mit Stroh oder Rasenschnitt ab. Den Fertigkompost bringt man zweckmäßig etwa 1–3 cm hoch auf die Beete und arbeitet ihn etwas ein. Am günstigsten ist es, den Fertigkompost zur Vegetationszeit aufzubringen. So stehen die enthaltenen Mineralstoffe den Pflanzen direkt zur Verfügung.
Wie schon für das Umsetzen beschrieben, können die Wartezeiten jeweils 10 bis 12 Wochen betragen. Die kürzere oder längere Zeit ist abhängig vom Klima, der Jahreszeit, der Witterung, der Zusammensetzung des Kompostmaterials und von der Kompostpflege. Die beschriebenen Kennzeichen des jeweiligen Reifegrades lassen ziemlich sicher den richtigen Zeitpunkt für das nächste Umsetzen bestimmen.

„Man nehme, so man hat“
Wie es schon in alten Kochbüchern zu lesen ist, so kann man auch beim Auf- und Umsetzen der Kompostmieten verfahren. Man braucht sich nicht immer streng an die angegebenen Materialien zu halten. Wichtig ist nur, daß sich Trocken- und Feuchtmasse bzw. Düngermasse und Magermasse sinnvoll abwechseln.

Sonstige Zusätze für das Kompostgemisch
Als Zusätze, die man immer nur in kleinen Mengen einstreut, sind zu nennen:
Gesteinsmehle, als wertvolle Ergänzung des Komposts. Dazu gehören neben anderen:
Hegauer Basaltsteinmehl = kalkreiches Urgesteinsmehl;
Zimmerli Steinmehl = aus 20 verschiedenen Naturgesteinen;
Wunsiedel Steinmehl = Dolomit und Feldspat.
Rizinusschrot bereichert ganz besonders das Bodenleben.
Algomin, aus Meeresalgen, enthält Magnesium im günstigen Verhältnis zu Kalk. Fördert das Bodenleben (Bakterien), ist geruchsbindend.

Kompostierbare Stoffe aus Haushalt und Garten und von anderswo

Haushalt
alle Gemüsereste
Kartoffelschalen
Kohlreste
Kaffeesatz und Teeblätter
Verpackungspapier, sofern nicht mit Buntdruck versehen
Papiertaschentücher
Küchentücher
Tüten, Packpapier, Kartons
Staubsaugerbeutel
Kehricht
Knochen
Federn (z.B. vom Geflügel, aber auch aus alten Betten)
Zeitungspapier (darf nicht überwiegender Anteil sein wegen des hohen Zellulose-Anteils, der sich schlecht zersetzt)
Holzasche vom Gartengrill

Garten
alle Reste von Erntegut
sog. Unkräuter (vorteilhaft in nicht samendem Zustand)
Grasschnitt (sofern er nicht zum Mulchen dient)
alle ausgezupften Pflanzen
Brennesseln, Beinwell
Kamille
Frischlaub und Zweige vom Heckenschnitt
Astwerk vom Strauch- und Baumschnitt
Gründüngerpflanzen, die speziell zum Kompostieren angebaut werden
Laub des Erntegutes
Rasenplaggen
überschüssiges Gras von Mähwiese
überschüssige Erden

anderes Material
Rindensubstrat
Sägemehl von nicht behandeltem Holz
Torfsubstrat, sofern nicht die Gefahr der Übersäuerung des Bodens besteht
Tierdung von Rindern, Pferden, Schafen, Schweinen, Kaninchen und Geflügel

---

Holzasche, Brikettasche enthalten Phosphate, Kali und Kalk; unterstützen den Verrottungsvorgang.
Brennessel, Beinwell und Schafgarbe, klein zerhackt, tragen zu einem gesunden und aktiven Verrottungsvorgang bei.
Weitere Kompostpräparate und Mittel zur Bodenverbesserung siehe Tabelle Seite 25 bis 27.

Kompoststarter

Man kann den Rotteprozeß fördern, indem man dem Kompostgemisch einen Kompoststarter beigibt. Dafür empfehlen sich: Biorott-Schnellkomposter, Eco-Kompoststarter, Edafil-Kompostimpfstoff, Humofix-Kräuterpulver, Oscorna und Symbioflor, siehe auch Seite 34.

Naturmineralien

Stein-, Ton-, Algenmehle

Luzian-Steinmehl
Zur Bodenverbesserung und Bodensanierung für alle Böden. Gehalt: ca. 48 % Kieselsäure (SiO_2), 19,5 % Tonmineralien, 8,5 % Magnesium (MgO), 8 % Kalk, 1,7 % Kali, ferner Spurenelemente wie Eisen, Kupfer, Kobalt, Molybdän, Titan, Mangan, Natrium, Schwefel u. v. a. Kann jederzeit gestreut werden. 25–50 kg/100 qm bei Erstanwendung, später 10 kg/100 qm. Zur Kompostverbesserung 10–20 kg/cbm.

Eifelgold – Lavamehl zur Bodenverbesserung
Analyse: 35–45 % SiO_2, 11–14 % Al_2O_3, 11–17 % CaO; 6–16 % MgO; 10–12 % Fe_2O_3 und viele Spurenelemente. Anwendung ganzjährig. Bei Erstanwendung im Acker-, Garten- und Weinbau je nach Boden 25 kg/100 qm in die oberste Bodenschicht einharken. Ergänzungsgaben sollten während der Kulturzeit durch Stäuben in den Morgenstunden (im Tau) in Mengen von 5 kg/100 qm erfolgen. Gemüse- und Ziergarten, Rasen: 10–50 kg/ar. Gewächshaus: 200–500 g/qm. Obstbau: je Baum oder Strauch: 5–30 kg (je nach Größe). Getreidebau: Kartoffelbau: 1–2 to/ha. Zur Kompostverbesserung: 10 kg/cbm.

Lava-Granulat
schützt die Beetoberfläche vor intensiver Sonneneinstrahlung und vor Schlagregen. Die Bodenbedeckung fördert die Bodengare. Das ergibt höhere Erträge, rascheres Wachstum und frühere Reife der Pflanze. Ausgezeichnet unter Erdbeeren! Dank seiner dunklen Farbe hilft das zwischen Pflanzen gestreute Granulat im Frühjahr den Boden rascher zu erwärmen. Auch hält Lava-Granulat wegen seiner rauhen Oberfläche die Schnecken mit ab. Lava-Granulat, in schwere Böden eingebracht, hält diese locker; in leichtere eingearbeitet, hält diese länger feucht. Mit der Zeit zerfällt Lava-Granulat zu Steinmehl. 3–5 kg je qm nur Bodenbedeckung. 1–2 kg/qm zur Bodenlockerung.

Pholin – Magnesium-Gesteinsmehl mit 20 % MgO
Fördert fruchtbare Böden und gesundes Wachstum. Enthält: 20 % Magnesium, 10 % Kalzium (CaO), 40 % Silizium, 0,9 % Kalium, 0,7 % Phosphat, 11 % Eisen (Fe_2O_3), 12 % Aluminium (Al_2O_3), 0,2 % Mangan sowie Kupfer, Kobalt, Nickel, Zink, Molybdän. Anwendung: bei Gemüse, Obst, Blumen und Zierpflanzen: 15 kg/100 qm. Anzucht-, Pikier- und Topferden: 10 kg/cbm. Anwendung ganzjährig möglich.

Cohrs-Bentonit
Mit hohem Wasserbindevermögen. 75 % Montmorillonit, 15 % Jllit. Gehalt: 56 % Kieselsäure, 20 % hochwertige Tonmineralien, 5 % Eisen, 4 % Magnesium, 2 % Kalk, 1,5 % Kali, ferner Spurenelemente wie Titan, Mangan, Kupfer, Bor u. a. Unentbehrlich zur Gewinnung von Dauerhumus. 10–25 kg/100 qm bei Erstanwendung und später weniger oder 3 kg/cbm Erde oder Kompost.

Algomin
Korallenkalk in feiner Mahlung, kohlensaurer Kalk aus Meeralgen, idealer, biologisch hochaktiver Magnesium-Kalk: 73 % Kalkkarbonat, 6 % Magnesiumkarbonat, 3–4 % Kieselsäure mit allen Spurenelementen und vielen organischen Substanzen, mit hochwertigen Aminosäuren. Zur intensiven Bodenlockerung und -aktivierung. Ca. 5 kg/100 qm oder 3 kg/cbm Kompost.

Meerwunder (aus Seealgen des Nordatlantiks)
Zur Verbesserung aller Böden und für alle Kulturen geeignet. Wichtige Inhaltsstoffe: Alginate, Auxine, Enzyme und über 60 Spurenelemente. 5–25 kg/100 qm. Herbst bis zeitiges Frühjahr. Später nur 5 kg/100 qm. Leichte Böden werden bindiger, schwere Böden lockerer.

Cohrs-Säure-Stop
Streumittel aus Meeresalgen, Mineral- und Tonmehlen, Bakterien- und Pilzkulturen, unterstützt die Gesundung säuregeschädigter Bäume. Aufwandmenge: 10 kg/ar, 100 g/qm, in den Wurzelbereich oberflächlich einarbeiten. Ganzjährig.

Organischer N-P-Dünger

Biodünger Ecovital
Eine aus jahrelanger Erfahrung im biologischen Landbau zusammengestellte Mischung mit allen vorkommenden Hauptnährstoffen – ca. 6 % Stickstoff, 4 % Phosphor, ausreichend Kali, Kalk, Magnesium, mit Spurenelementen wie Kupfer, Eisen, Mangan, Zink, Kobalt, Chrom, Nickel und vielen natürlichen Wirkstoffen. Für alle Kulturflächen, Gemüse, Obst und Blumen. 10 kg/100 qm bester Kompost-Beischlag. 3 kg/cbm Kompost.

Biodünger Ecovital-S
für Koniferen und Rhododendren.
Ohne Kalk.
Die natürliche Bodenversorgung für saure Böden liebende Pflanzen, enthält außer Kalk alle Hauptnährstoffe, reich an Magnesium und allen wichtigen Spurenelementen, behebt alle Mangelerscheinungen. Anwendung: 10 kg/100 qm. (Herbst/Frühjahr)

Organischer Einzeldünger

Buchenholzkohlengrieß
zur Pflanzenanzucht besonders zu empfehlen. Kalireich, wirkt pilz- und fäulnishemmend. 5 kg/100 qm; 3–5 kg/cbm.

Hornmehl
Ca. 14 % N und 80 % organische Substanz, rasch wirkend, ca. 10 kg/100 qm, in mehreren kleinen Gaben während der Hauptvegetationszeit raschwachsender Kulturen.

Hornspäne fein – mittelfein
Ca. 14 % N und 80 % organische Substanz, langsam wirkend, je ca. 5 kg/100 qm im Herbst und Frühjahr.

Knochenmehl
(mit Hornmehl – 7 % Stickstoff (N), 17 % Phosphorsäure (P_2O_5), langsam und nachhaltig wirkend – rein organisch – perchloräthylenfrei, hergestellt aus Horn und Knochen gesunder Tiere. 10 kg/100 qm.

Rizinusschrot
Preiswerter NPK-Dünger mit 75–80 % organischer Substanz, 6 % Stickstoff, 2,5 % Phosphorsäure, 1,5 % Kali und Spurenelementen. Je nach Nährstoffansprüchen 10–50 kg/100 qm, für alle Kulturen geeignet.

Tierische Düngemittel

Norna-Flor-Rinderdung
2 % N, 3 % P, 3 % K
Reiner organisch-biologischer Naturdünger aus frischem Stalldung, granuliert.

Kalifornischer Trocken-Rinderdung
Rinderdung aus reinen, zermahlenen, sonnengetrockneten Kuhfladen, ohne Stroh oder Torf. 150–200 g/qm; 15–25 kg/100 qm.

Stallatico
Jetzt mit 40 % Rinderdung
Schaf-, Pferde- und Rindermist in konzentrierter und kompostierter Form. 15–25 kg/100 qm.

Biologische Pflanzenpflegemittel

Algifert-Pulver
100 % wasserlösliches Konzentrat aus Meeresalgen zum Spritzen, Gießen und Sprühen. Wichtige Inhaltsstoffe: Alginate, Auxine, Enzyme und über 60 Spurenelemente. Zur biologischen Blattdüngung und zum Gießen aller Kulturen im Land-, Garten-, Obst- und Weinbau. Algifert stärkt die Widerstandskraft der Pflanze gegen Schadinsekten, Pilz- und Viruskrankheiten aller Art. Anwendung: 0,05–0,08 % ab Anfang Mai in 3–4wöchigem Abstand bis zum Spätherbst. 1 gestrichener Teelöffel auf 10-l-Eimer oder Gießkanne.

Algifert-Plus-Flüssigextrakt
Flüssigkonzentrat aus Nordmeeralgen und Heilkräutern, zum Spritzen, Gießen und Sprühen. Einsatz wie oben. 300 ml für 30 bis zu 60 Liter Flüssigdünger.

Brennessel fein gemahlen
Zur Herstellung von Pflanzenjauchen für die biologische Blatt- und Flüssigdüngung aller Kulturpflanzen. 1 kg Cohrs-Brennessel in ca. 10 Liter Wasser gären lassen. Verdünnen auf 100 Liter zum Gießen und 200 Liter zum Spritzen.

Kräutermischung
(auf Brennesselbasis weiterentwickelt)
Zur Gesundung aller Kulturpflanzen – pulverfein vermahlen, zur Herstellung von Jauche zum Spritzen und Sprühen – regt die Zellatmung und Chlorophyllbildung an, steigert die Blüten- und Fruchtbildung, erhöht die Farb-, Duft-, Wirkstoff- und Aromabildung.

Schachtelhalm fein gemahlen
Zur Herstellung von Pflanzenjauchen oder Teebrühe, als Spritzmittel zur Vermeidung von Pilzkrankheiten im Pflanzenbau. 100 g Cohrs-Schachtelhalm in 5 Liter Wasser einrühren, entweder verjauchen oder ca. 1 Stunde sieden lassen. Später 1 : 5 verdünnen.

Schachtelhalm-Compositum
Kräutermischung auf Schachtelhalm-Basis, pulverfein vermahlen. Zur Vorbeugung gegen Pilzbefall, Monilia und Kräuselkrankheiten. Zum Ansetzen von Pflanzenjauchen zum Gießen und Spritzen, führt bei regelmäßiger Anwendung durch den hohen Gehalt an Kieselsäure zur Pflanzenstärkung und somit zur Vorbeugung gegen die o. a. Schäden.

Alle in der Tabelle genannten Mittel sind u. a. erhältlich bei Ernst-Otto Cohrs, Lebenfördernde Pflegemittel für Böden, Pflanze und Tier, Postfach 1165, 2720 Rotenburg (Wümme) oder über die regionalen Vertragspartner dieser Firma.

Den einzelnen Kompoststartern sind von den jeweiligen Herstellern Anweisungen für die zweckmäßige Anwendung beigefügt. Es kann aber auch, wie schon erwahnt, ein ausgesiebter Teil des Altkomposts oder halbfertiger Kompost als Starter verwendet werden.
Der Fertigkompost wird mit Stroh oder 5 cm Rasenschnitt oder Laub abgedeckt. Dadurch werden die Regenwürmer, die sonst den fertigen Kompost verlassen würden, gut gefüttert und sind außerdem gegen Kälte, starken Regen und Sonnenhitze geschützt.

Ausbringen des Komposts
Die erforderlichen Kompostgaben betragen je Ar Gartenland und Jahr etwa einen halben Kubikmeter. Bei humusarmen Böden ist allerdings die doppelte Menge notwendig. Damit wird man schon nach 2 bis 3 Jahren eine befriedigende Verbesserung, selbst bei bis-

her mangelhaften Böden, erreichen. Fertigkompost, der eine weit höhere Düngekraft als Stallmist besitzt, verbessert vor allem den Humusgehalt des Bodens, steigert das Bodenleben, erhöht die Speicherfähigkeit von Regen- und Gießwasser, fördert das gesunde Wachstum der Pflanzen und erfüllt wichtige Funktionen bei der Abwehr von Pflanzenschädlingen und zur Gesunderhaltung der Gemüse.
Bei richtigem Aufbau ist jede Kompostmiete, mit Ausnahme der ersten, für den Regenwurm die ideale Nische zur schnellen Vermehrung. Er findet sich dort von selbst ein, weil er die Wärme und Nahrung des zu Humus reifenden Komposts bevorzugt. 1 g trokkene Regenwurmerde enthält bis zu 50 Millionen lebende Bakterien, die für die dauernde Regeneration des Gartenbodens so bedeutungsvoll sind. Reifer Kompost mit einem reichen Bodenleben sichert jedem Gartenboden bei entsprechenden Gaben schon nach verhältnismäßig kurzer Zeit Dauerfruchtbarkeit und gesundes, schmackhaftes Gemüse.

Grundsätze der Kompostgewinnung

In warmem und mildem Klima soll die Kompoststätte möglichst im Schatten oder Halbschatten von Bäumen, Hecken, Holzgeflechtzäunen oder Gebäuden erstellt werden. In rauhen Klimalagen ist es dagegen zweckmäßiger, einen warmen und sonnigen Platz zu wählen. Aus Rücksicht auf die Bodenorganismen, die sich in mäßig warmer Umgebung besser entwickeln.
Als Bodenfläche sollte sich unter den Kompostmieten eine etwa 30 cm starke Schicht Mutterboden befinden, damit sich die Regenwürmer bei Kompostreife, starkem Frost oder Trockenheit in diese Zone zurückziehen können.
Zerkleinertes, sperriges, grünes Kompostgut, wie junger Baumschnitt, Heckenschnitt, Blütenstauden, Sonnenblumen, Tomaten-, Gurken-, Paprika- und Kartoffelkraut, Strünke von Blumenkohl, Rosenkohl, Rotkohl, Weißkohl und Wirsing, sind für die Durchlüftung der Kompostmieten sehr wertvoll. Strünke benötigen jedoch zur völligen Verrottung etwas mehr Zeit als das übrige Material. Das teilweise noch unverrottete, etwas sperrige Kompostmaterial bleibt beim Sieben im Wurfsieb hängen und kann für die nächste Kompostmiete wiederverwendet werden.

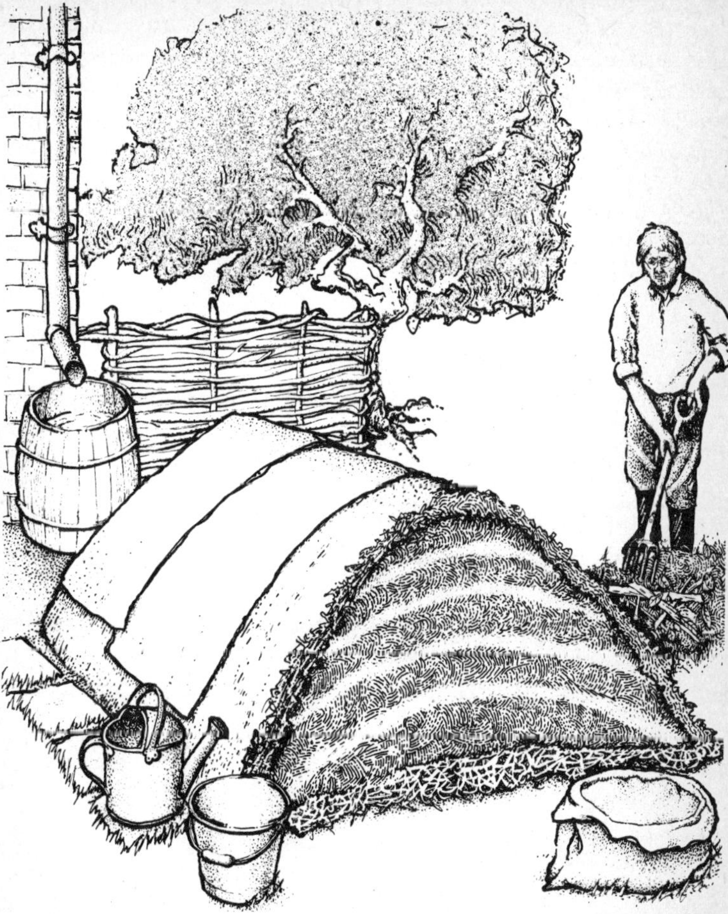

Der richtige Platz für die Kompostmiete: im Schatten eines Baumes, auf Mutterboden, in der Nähe eine Regentonne.

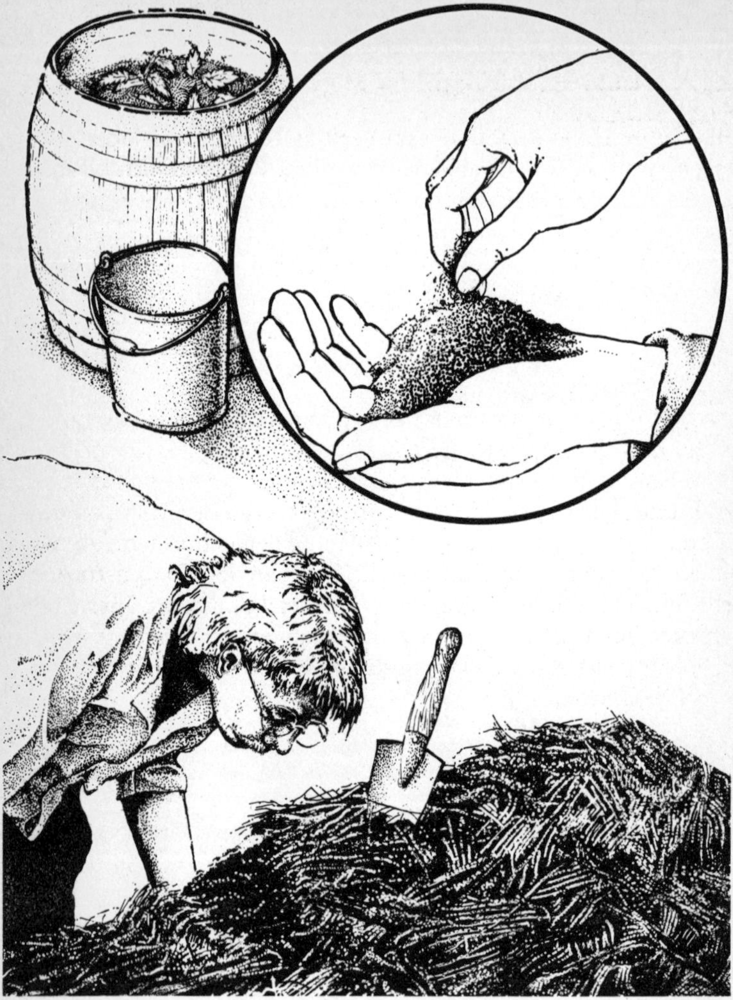

Kontrollieren der Kompostmiete: Krümelstruktur des Komposts prüfen; stets die Miete feucht halten; Geruchsprobe.

Das gründliche Mischen des anfallenden Kompostmaterials vor dem Aufsetzen der Kompostmiete ist sehr wichtig. Je besser und vielseitiger die Materialmischung ist, desto besser und gehaltvoller wird der Kompost.
Die Kompostmieten müssen immer mit 10 cm Stroh oder 5 cm Rasenschnitt oder Laub abgedeckt werden. Rasenschnitt sollte nur vor der Blüte zum Abdecken verwendet werden. Das gilt auch für die Kompostierung von Rasenschnitt.
Rasen verfilzt sehr schnell zum schützenden Teppich und begünstigt so Regenwürmer und sonstiges Bodenleben. Zum Abdecken sind ferner alte Bretter, Pappen (besonders Wellpappe), Lochfolien, Futtermittelsäcke und andere Materialien geeignet, die eine ausreichende Luftzufuhr gewährleisten.
In der Kompostmiete soll während der Reife- bzw. Verrottungszeit immer eine feuchte Wärme herrschen, die anfangs etwa 40 bis 65 °C beträgt und später bis zur Vollreife nicht unter etwa 15 °C im Innern der Kompostmiete absinken sollte. Darum muß besonders während der Trockenzeit stets rechtzeitig befeuchtet werden. Aus diesem Grund ist eine Wasserstelle in Nähe der Kompostmieten sehr nützlich. Ein hoch gestelltes Wasserfaß, aus dem über einen Schlauch bequem gewässert werden kann, erleichtert diese Arbeit erheblich. Ein solches Faß kann auch mit Pflanzenpräparaten (Jauchen) beschickt werden.

Silokompost: Wenn wenig Platz ist

In manchen Fällen ist das Silokompostverfahren der Miete überlegen. Es gibt dafür im wesentlichen nur zwei Gründe:
Entweder ist der Anfall an Kompostmaterial für die Mietenform zu gering, oder es ist im Garten nicht genügend oder kein geeigneter Platz für die Mieten vorhanden.

Zuwenig Kompostmaterial
Für die Mietenform sollten je Kompostsaison, etwa ab Mitte März bis Mitte November, immerhin etwa 4 Kubikmeter loses Kompostmaterial anfallen. Diese Menge ist rascher zusammen, als man glaubt. Denken wir nur an Rasenschnitt, Unkraut, Laubanfall im Herbst, an Baum-, Sträucher- und Heckenschnitt und sonstige Garten- und Küchenabfälle. Dazu kommen noch Kuhmist, Obsttrester, Stroh und Abdeckerde nach jeder Kompostlage und weitere Materialien (siehe Tabelle Seite 24).
Es darf dabei aber nicht übersehen werden, daß 4 cbm loses Kompostmaterial, je nach Zusammensetzung, im günstigsten Fall nur etwa 1 cbm ausgereiften Kompost ergeben, weil das Material während des Reifeprozesses stark zusammensinkt. Meistens ist die Ausbeute noch geringer. Will man den Gartenboden auf Dauer verbessern und gesund erhalten, so muß jedes Jahr viel Kompost für den biologischen Gemüseanbau zur Verfügung stehen.

Wenig Platz im Garten
Ungenügender oder ein nicht günstiger Gartenplatz für den Aufbau der Kompostmieten kann dazu führen, daß man lieber einen Kompostsilo aufbaut. Je nach Wahl der Siloart, Silogröße und -ausführung kann man auf der gleichen Gartenfläche mit dem Silo etwa das Dreifache an Kompost gegenüber dem Mietenkompostverfahren erzeugen, und das auch noch in kürzerer Zeit. Beim Silokompostverfahren ist bei gründlicher Kompostpflege das Umsetzen des Materials normalerweise nicht erforderlich. Wenn aber aus irgendeinem Grund etwas Wichtiges versäumt wurde, das Material zu naß (sauer) oder zu trocken und leblos geworden ist, läßt sich ein Ausräumen und neues Aufschichten nicht vermeiden.

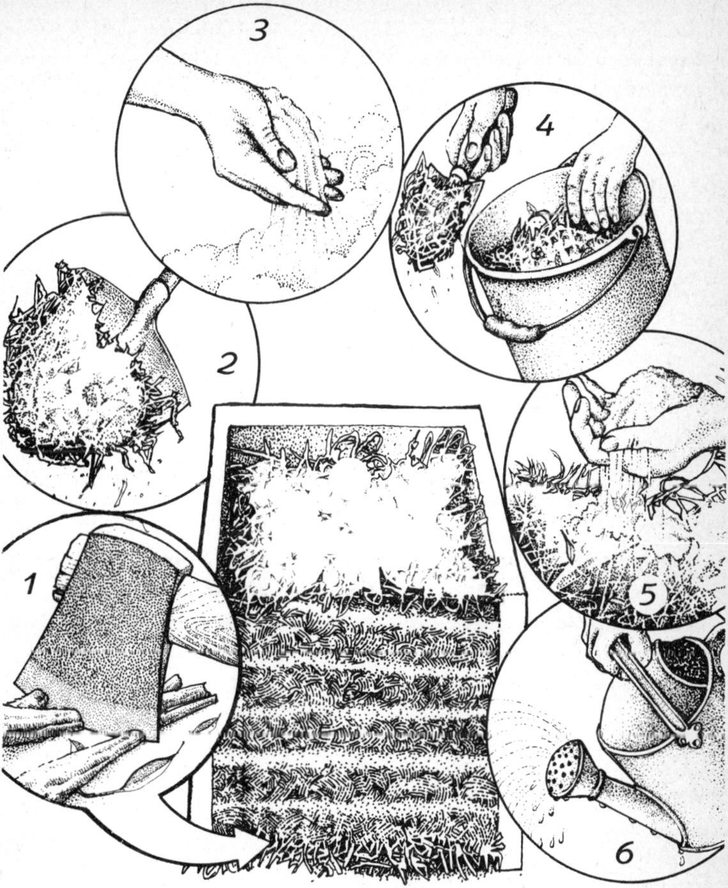

Aufschichten eines Kompostsilos: Zerkleinern des Materials (1), Einfüllen des Materials in das Silo (2), Algomin darüber streuen (3), Zwischenschicht mit Brennesseln oder anderen krautigen Pflanzen (4), Dünger zugeben (5) und mit Wasser befeuchten (6).

Kompoststarter
Für fast alle Silokompostverfahren werden zur schnelleren Reife sogenannte Kompoststarter verwendet. Zum Beispiel:

Biorott:
Joachim & Co., Postfach 106, 6800 Mannheim 34

Biotrissol:
Heinrich Propfe, Postfach 106, 6800 Mannheim 34

Eco-Starter:
E.O. Cohrs, Postfach, 2130 Rotenburg

Edafil:
Hilena GmbH, Bio-Erzeugnisse, 4812 Brackwede

Eokomit:
Dr. L. Holzinger & Co., Postfach, 8210 Prien

Humofix:
Abtei Fulda, Postfach 126, Nonnengasse, 6400 Fulda

Bei allen Firmen können kostenlos ausführliche Hinweise über ihre Verfahrensweisen angefordert werden. Die kleine Schrift der Abtei Fulda ist sehr aufschlußreich. Das Humofix-Verfahren hat sich für den Hobbygärtner bestens bewährt.
Die nötigen Zeitabläufe für den Reifeprozeß werden bei den verschiedenen Kompoststartern sehr abweichend angegeben. Auch die Aufsetzarbeit und Mischung der Lagen des Kompostmaterials weichen oft von den hier aufgeführten Angaben ab.
Für das Silokompostverfahren gelten die gleichen Richtlinien wie für die Miete. Der einzige Unterschied besteht darin, daß die einzelnen Lagen bei der Miete in Hügelform aufzusetzen sind, während sie beim Silo immer ganz flach eingebracht werden. Letzteres ist zweifelsfrei müheloser.

Reifezeit für Silokompost
Wird für die Herstellung von Silokompost einer der genannten Kompoststarter verwendet, so muß während der Kompostsaison (April bis Oktober) mit einer Reifezeit von etwa 3 bis 6 Monaten gerechnet werden. Diese Zeit ist abhängig von der Zusammenset-

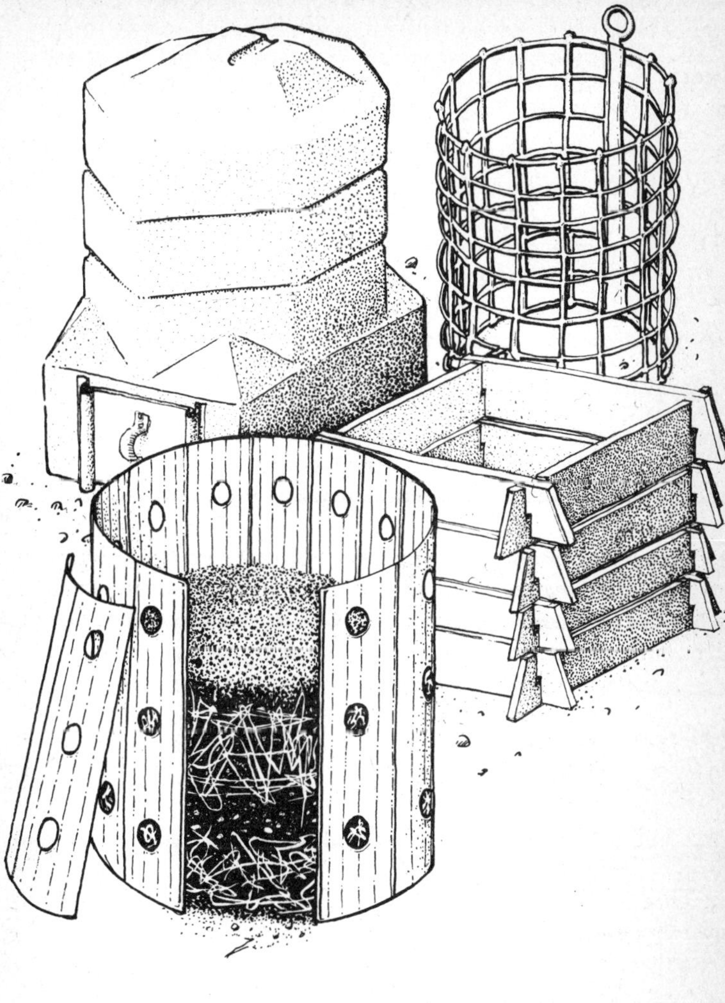

Die bekanntesten käuflichen Kompostsilos: Drahtgeflechtsilo, Holzbausilo, Blechringsilo und Stahlblechsilo.

zung des Kompostmaterials, der Witterung und der Kompostpflege. Wurde mit dem Aufbau des Silos erst im Spätsommer begonnen, dauert der Reifeprozeß, einschließlich der Wintermonate, rund 8 Monate.

Nachteile des Silokompostverfahrens

Bei allen Silokompostverfahren, die Kompoststarter verwenden, entwickelt sich während der Rotte eine Hitze bis zu etwa 60 °C, je nach Kompostmaterial, Feuchte und Jahreszeit. Unter solchen Temperaturen leiden und verschwinden die meisten Mikroorganismen und auch die Regenwürmer. Deshalb müssen sie zu einem späteren Zeitpunkt durch besondere Mittel wieder aufgebaut und angelockt werden. Dadurch verliert man aber einen Teil der eingesparten Zeit, die man mit dem Silokompostverfahren gewinnen wollte. Man kann die unbelebte Kompostmasse im vollen Kompostsilo, nach Abklingen der Wärme auf etwa 20 bis 25 °C, wieder für Regenwürmer attraktiv machen und das Bodenleben aktivieren, wenn man den Siloinhalt mit etwa 15 bis 20 cm Kuhmist abdeckt.

Falls das Silokompostverfahren durch Einsatz von Regenwürmern unterstützt werden soll, ist es sehr nützlich, wenn neben Kuhmist dem vollgefüllten Silo noch etwa 3 Liter halbreifer Regenwurmzuchtkompost beigegeben wird. Zu diesem Zweck hebt man in der Mitte der Kuhmistabdeckung ein etwa 40 cm breites und 30 cm tiefes Loch aus. In diese Mulde bringt man zunächst gut 3 cm hoch feuchte Gartenerde ein. Darauf kommt der halbreife Zusatz-Kompost mit den darin befindlichen Regenwürmern einschließlich der Kokons, der wiederum mit etwa 3 cm feuchter Gartenerde abgedeckt wird. Das Ganze wird dann mit dem ausgehobenen Kuhmist wieder überdeckt.

Kompostsilos zum Selbstbau

Strebt man eine gute Dauerlösung an, so ist der Selbstbau mit gelochten Ziegelsteinen zu bevorzugen. Diese Lösung erscheint zunächst etwas kostspielig, ist aber auf Dauer die billigste und beste.
Man kann auch mit Holzbrettern gute Kompostsilos selbst bauen. Diese halten in der Regel etwa 10 Jahre. Die Bretter dürfen auf keinen Fall imprägniert sein, weil sonst der Regenwurm flieht und das übrige Bodenleben darunter leidet. Die für den Holzsilobau zu beschaffenden Bretter, Halbdielen, Leisten und Pfosten können ungehobelt sein. Sie sind darüber hinaus billiger und halten länger. Man kann diese Hölzer vom örtlichen Holzgroßhandel oder von Sägewerken beziehen. Es ist ratsam, nach Hölzern zweiter Wahl oder nach Restposten zu fragen.

Mindestens zwei Kompostsilos sind erforderlich

Ob man sich nun Silos kauft oder sich für den Eigenbau entscheidet, man braucht immer mindestens zwei Silos, damit man eines für den reifenden Kompost zur Verfügung hat, während das andere Silo neu gefüllt werden kann. Fertiger Kompost kann ohne wesentlichen Wertverlust an schattiger Stelle und abgedeckt gelagert werden, bis man ihn benötigt. Werden zwei oder mehrere Silos nebeneinander aufgestellt, so ist ein Abstand zwischen den Silos von etwa 42 cm zur Sicherung guter Luftzufuhr günstig. Dieser Abstand hat den Vorteil, daß man ihn mit Waschbetonplatten in der Größe 40 × 40 cm oder 40 × 60 cm auslegen kann.

Wahl der zweckmäßigen Silogröße

Bei den hier verwendeten Silos wurden Maße berücksichtigt, die in vielfacher Hinsicht praktisch und vor allem auch wirtschaftlich sind. Es kann jedoch verschiedene Gründe dafür geben, andere Ausmaße zu wählen. Man sollte sich aber nicht zu größeren Abmessungen verleiten lassen als in den drei nachfolgenden Beispielen angegeben. Will man die Silos kleiner halten, sollten die Maße 100 × 100 × 110 cm nicht unterschritten werden.

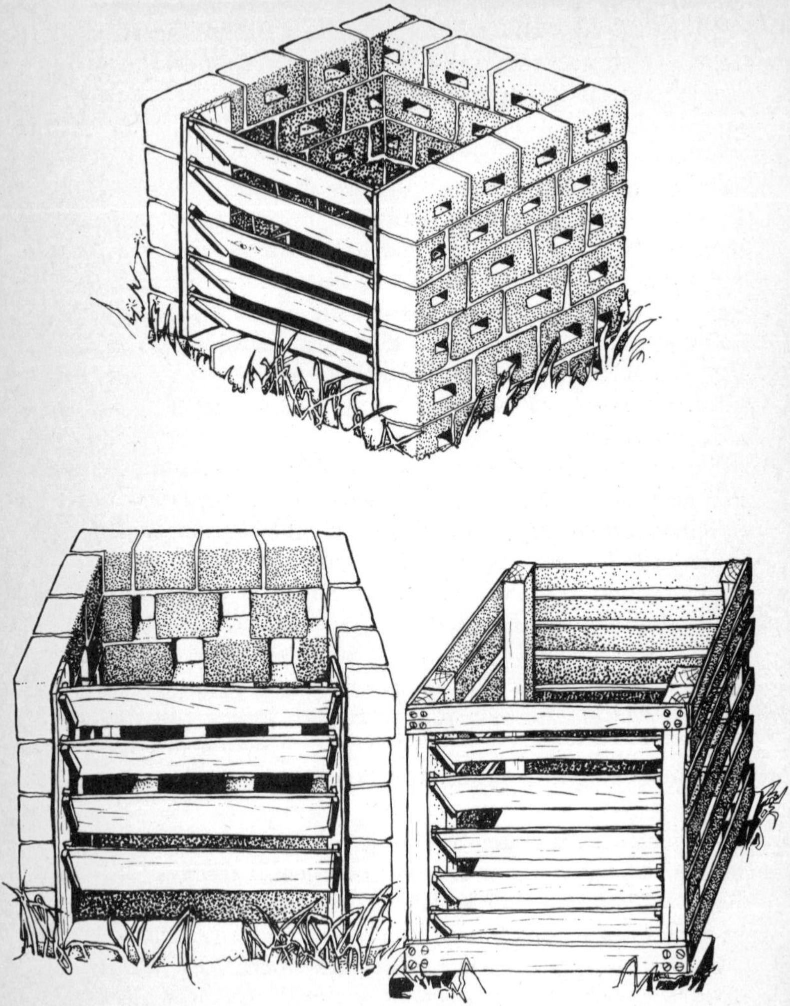

Verschiedene Kompostsilos zum Selberbauen aus Holz oder mit Ziegelsteinen.

Plazierung von Kompostsilos

Es ist egal, ob man für den Eigenbau Ziegelsteine oder Holz wählt, auf jeden Fall müssen die Silos ebenerdig aufgebaut werden. Eine Stelle im Halbschatten ist vorteilhaft. Die Erde innerhalb der Silos muß mindestens 10 cm tief aufgelockert werden. Das ist sehr wichtig für die Durchlüftung und für die Entwicklung des Bodenlebens.

Kompostsilo aus gelochten Ziegelsteinen

Die Darstellung dieses Kompostsilos ist eigentlich so genau, übersichtlich und leicht auffaßbar, daß keine umfangreichen schriftlichen Ergänzungen mehr nötig sind. Das trifft auch für die beiden weiteren Siloausführungen zu. Trotzdem sollen noch einige Punkte erwähnt werden, die wichtig und hilfreich erscheinen.

Für die Beschaffung der Ziegelsteine ist es am einfachsten, dem Baustoffgroßhändler zur leichteren Verständigung die Abbildung zu zeigen. Man sollte sich für diese Ausführung entscheiden, weil sich die größeren Steine leichter und schneller aufmauern lassen und weil sie gegenüber der nächsten Ausführung infolge des vorhandenen Mittelloches beim Aufmauern keine zusätzlichen größeren Luftfugen erfordert.

Auf einer Mörtelschicht, 5 cm hoch und etwa 11 cm breit (Steinbreite), wird die erste Steinlage im Verbund mit allen vier Mauerseiten aufgesetzt. So ergibt sich auf der Arbeitsseite automatisch eine ziegelsteinhohe Begrenzungskante, die nicht nur die unterste Lage des Kompostmaterials zurückhält, sondern neben anderem auch die Feuchtigkeitsspeicherung begünstigt. Die Steine werden so aufgemauert, daß sich eine Mauerstärke von 11 cm ergibt und die Lüftungslöcher auf den drei Mauerseiten nach außen kommen. Sämtliche Mauerfugen sind etwa 2 cm stark.

Wenn das Mauerwerk fertiggestellt ist, wird links und rechts der Mauer jeweils eine Halbdiele, Abmessungen 95 × 20 × 5 cm, angebracht. Dies geschieht jeweils mit zwei Schlüsselschrauben von je 16 cm Länge, und zwar durch ein Loch der Ziegelsteine.

Für die abgebildeten Führungsleisten zum Einführen der Einschubbretter verwendet man am besten Dachlatten, die man auf der Einschubfläche etwas glatthobeln oder glattschmirgeln muß. Die Dachlatten sind 2,5 cm stark und 5 cm breit. Sie werden angeschraubt und an beiden Endkanten entsprechend schräg abgesägt.

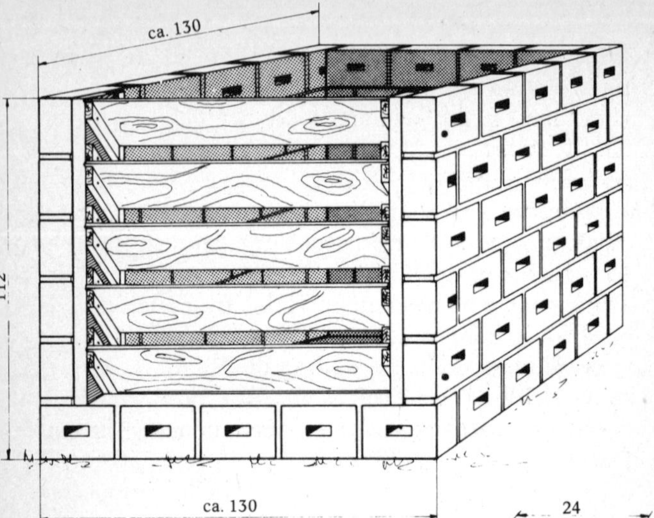

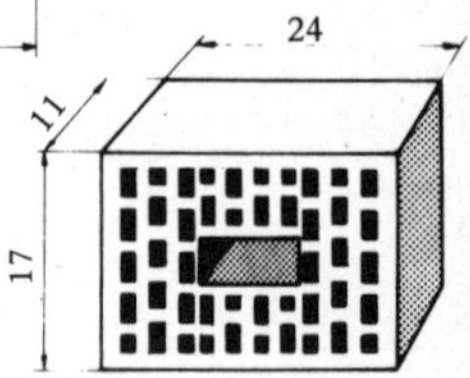

Bauanleitung für einen Kompostsilo mit gelochten Ziegelsteinen mit Mittelloch.

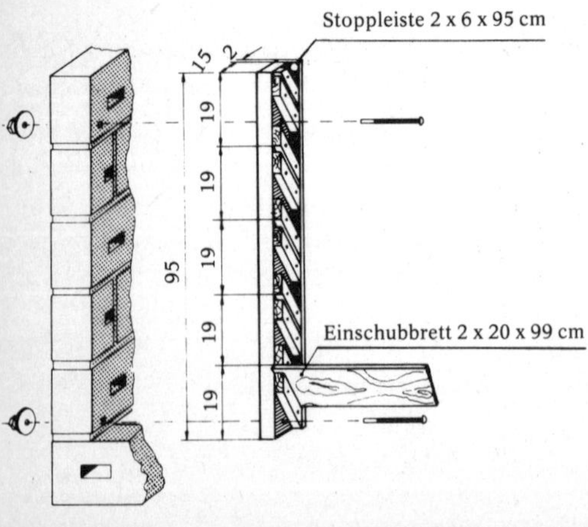

Materialbedarf

Etwa 90 Ziegelsteine, 24×17×11 cm, je nach Materialverlust durch Behauen der erforderlichen Halbsteine für den Mauereckenverbund.

- 1/4 cbm Maurersand (kein Flußsand)
- 1 1/2 Sack Zement
- 1 Sack Maurerkalk

Diese Gesamtmenge ergibt die richtige Mörtelmischung

- 2 Halbdielen, 95×20×5 cm
- 5 Einschubbretter, 99×20×2 cm
- 2 Stoppleisten, 95×6×2 cm
- Dachlatten in entsprechender Menge für die Führungsleisten
- 4 Schlüsselschrauben, 16 cm lang
- 50 Schrauben oder Nägel, 45 mm lang, zum Anbringen der Führungsleisten

Kompostsilo aus gelochten Ziegelsteinen (Variante)

Diese Ausführung sollte man nur dann wählen, wenn man bei den ortsansässigen Baustoffgroßhändlern die Ziegelsteine mit dem Mittelloch nicht bekommt. Man erhält mit diesen anderen Steinen ein gleich gutes Kompostsilo, aber der Arbeitsaufwand ist gegenüber den Steinen nach der Abbildung auf Seite 40 größer, weil auf drei Mauerseiten die 5 cm breiten, offenen Lüftungsfugen vorgesehen werden müssen.

Materialbedarf

Etwa 125 Ziegelsteine, 24 × 11,5 × 11 cm, je nach Materialverlust durch Behauen der erforderlichen Halbsteine für den Mauereckenverbund.
1 cbm Maurersand (kein Flußsand)
2 Sack Zement
1 Sack Maurerkalk
Der weitere Materialbedarf entspricht dem der Siloausführung nach Abbildung Seite 40.

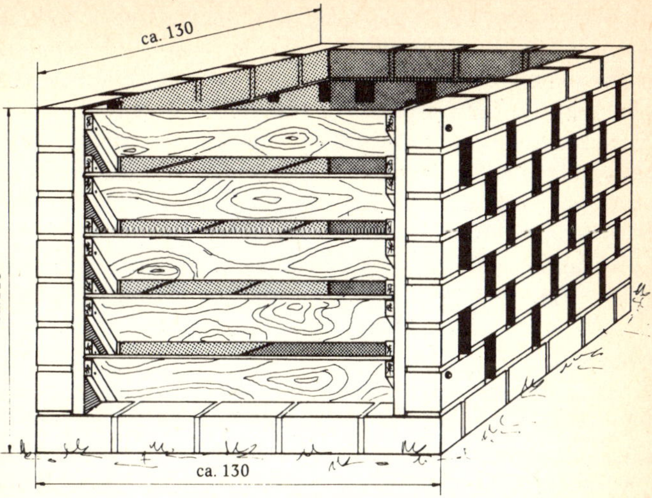

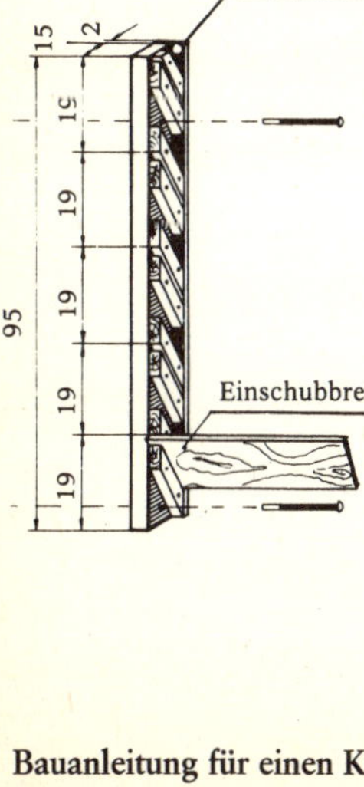

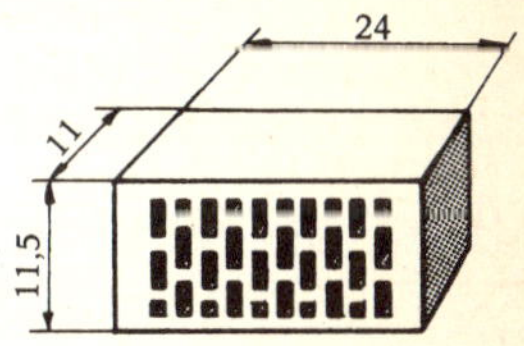

Bauanleitung für einen Kompostsilo mit Ziegelsteinen ohne Mittelloch.

Kompostsilo aus Holz

Der Bau eines Silos aus Holz ist relativ einfach, so daß es nur noch weniger Erläuterungen bedarf.

Die vier Eckpfosten werden mit je einer Gehwegplatte 40 × 40 cm nach außen hin bündig unterlegt, damit die unterste Bretterverschalung nicht auf der Erde aufliegt. Alle aufgeschraubten Bretter haben eine Höhe von 10 cm. Sie werden jeweils mit einem Zwischenraum von 5 cm montiert, und zwar auf allen drei Seiten. Damit die seitlichen Halbdielen zum Anbringen der Führungsleisten einwandfrei montiert werden können, muß man die vorderen Eckpfosten doppelt nehmen und miteinander verschrauben.

Man erleichtert sich die Montagearbeit ganz wesentlich, wenn man zuerst die untersten und obersten vier Verbindungsbretter auf allen vier Seiten auf die Eckpfosten (vorne ergeben sich zwei Doppelpfosten) mit jeweils vier Schrauben befestigt. So erhält man einen festgefügten Grundaufbau, den man im Lot auf die schon erwähnten Gehwegplatten an den Ecken aufsetzen kann. Alles Weitere geht dann viel schneller und sicherer.

Es stört in keiner Weise, wenn die Führungsleisten bündig mit den Eckpfosten abschließen, während die Einschubbretter etwas über die Eckpfosten hinausragen.

Materialbedarf

- 6 Eckpfosten, 8 × 8 × 115 cm, davon zwei vorne als auf aufgeschraubte Doppelpfosten
- 26 Bretter zum Festschrauben, 130 × 10 × 2 cm, die acht Verbindungsbretter sind in dieser Menge eingeschlossen
- 5 Einschubbretter, 113 × 20 × 2 cm
- 2 Stoppleisten, 115 × 10 × 2 cm
- Dachlatten in entsprechender Menge für die Führungsleisten
- 70 Holzschrauben, 50 × 5,5 mm, zum Anschrauben der acht Verbindungsbretter
- 150 Holzschrauben mit 45 mm Länge zum Anschrauben der anderen Bretter, der Führungsleisten und der Stoppleisten
- 10 Holzschrauben, 12 cm lang, zum Verbinden der beiden vorderen Pfosten

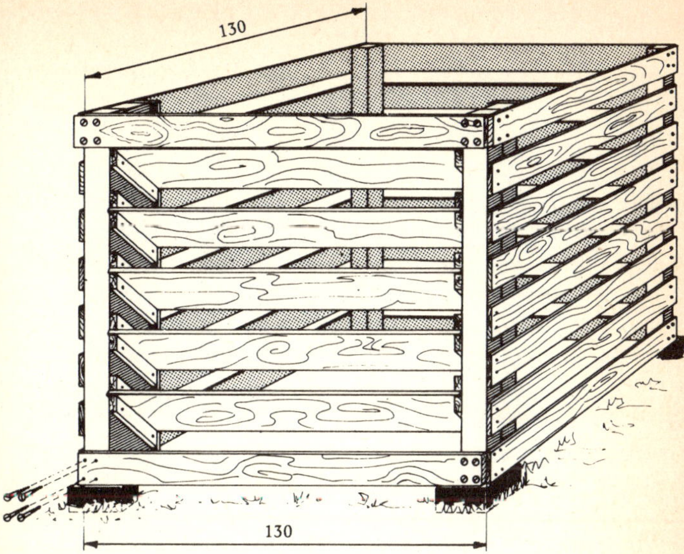

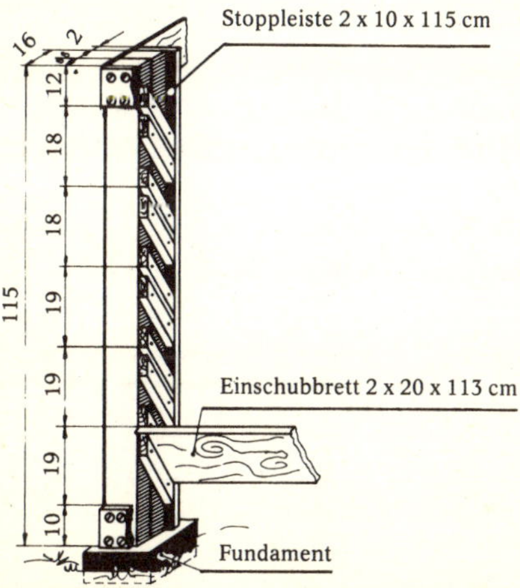

Bauanleitung für einen Kompostsilo aus Holz.

Der Regenwurmkompost

Der Regenwurmkompost ist für den biologischen Gemüseanbau die wertvollste, düngekräftigste und dabei billigste und arbeitszeitsparendste Kompostbereitung. Einmal organisiert und aufgebaut, sind die Kompostierung mit Hilfe von Regenwürmern und die Regenwurmvermehrung eine leichte und freudebringende Arbeit, die ständig neuen Regenwurmkompost liefert. Die Aufbaukosten und die Mühe der ersten Regenwurmzucht machen sich schon in kürzester Zeit reichlich bezahlt.

Ein Heimgärtner, der seinen Gemüsegarten biologisch bearbeiten will, muß die Humusschicht seines Gartens pflegen und ihr gute Bodenbedeckung geben. Dadurch wird das ganze Bodenleben wie Regenwürmer, Mikroben, Algen, Pilze usw. gefördert. Überall da, wo der Regenwurm Einkehr hält, ist auch das übrige Bodenleben in Ordnung.

Die Kompostierung mit Hilfe von Regenwürmern ist meiner Meinung nach die beste der denkbaren Kompostierungsmethoden. Ob man neben der Kompostierung mit Hilfe von Regenwürmern auch noch ein Normalkompostverfahren durchführen soll, hängt ganz von der anfallenden Jahresmenge des Kompostmaterials ab. Solange 6 Kubikmeter lose Kompostmasse nicht überschritten werden, empfiehlt sich ausschließlich die Wurmkompostierung. Bei dieser Mengenbetrachtung muß man auch berücksichtigen, daß ein großer Teil des anfallenden Rohkomposts zum Mulchen und als Futter für die Regenwürmer in den Pflanzbeeten benötigt wird. Sollte jedoch die jährlich anfallende lose Masse erheblich mehr als 6 Kubikmeter betragen und muß deshalb z. B. ein gewöhnliches Mietenkompostverfahren angewendet werden, so kann der Mietenkompost mit Kompost aus der Regenwurmzucht geimpft werden. Dies kann jedoch erst geschehen, wenn nach der ersten Verrottungsphase, in der Temperaturen bis zu 65 °C auftreten können, der Kompost zum zweiten Mal aufgesetzt wird.

Der Regenwurmkompost ist in der Düngenährkraft nicht nur weit wertvoller als alle anderen Komposte, sondern fördert auch das gesamte Kleintierleben in den Pflanzbeeten des Freilandes, der Frühbeete und des Gewächs- und Folienhauses. Mit keinem anderen Kompostverfahren kann man das in diesem Umfang erreichen. Darüber hinaus erfordert diese Kompostierung gegenüber anderen Methoden den geringsten Platzbedarf, was in vielen Gärten von großer Bedeutung ist.
Kompostiert man mit Regenwürmern, so gibt es kein Umsetzen des Kompostmaterials. Dies erledigt der Regenwurm praktisch automatisch. Das Ergebnis ist ein vollreifer Kompost, den man an seiner feinen Krümeligkeit und Geruchlosigkeit sicher erkennt. Für den Heimgärtner ist es das wirksamste Kompostverfahren im Hinblick auf Bodenlockerung, Sauerstoffzufuhr, Bodendüngung, Bodenfruchtbarkeit, Pflanzengesundheit, Schädlingsabwehr, Gemüsequalität und Gemüseertrag.

Wissenswertes vom Regenwurm

Etwa seit 1949 wird bei uns der Einsatz von Regenwürmern für die Kompostierung propagiert. In den USA arbeiteten schon längere Zeit davor Wurmzuchtanlagen erfolgreich im großen Stil, vornehmlich im warmen Klima Floridas, und sorgten für einen eigenen Markt. Allerdings wurden die Würmer dort vor allem als Köder zum Angeln und für Fütterungszwecke gezüchtet. Der Kompost war eher ein Nebenprodukt.
Eine Reihe von Firmen, die sich im Gefolge des Wurmbooms auch hierzulande etablieren konnte, bietet die Zuchtansätze zu recht unterschiedlichen Preisen. Die Handelsnamen sind allerdings wissenschaftlich oft umstritten.
In Deutschland sind etwa 39 verschiedene Regenwurmarten bekannt. Je nach Art haben die Regenwürmer bestimmte ökologische Nischen im Lebensraum Boden besetzt. Man nimmt sogar an, daß verschiedene Regenwurmarten tiefgründige Böden in „Stockwerken“ besetzen, in denen sie in horizontal verlaufenden Gangsystemen leben.
Andere Regenwürmer sind auf die Humusschicht beschränkt. Sie durchziehen diese mit Gängen von etwa 4 mm Durchmesser. In den obersten Humuszonen leben außerdem die Jungtiere, und in

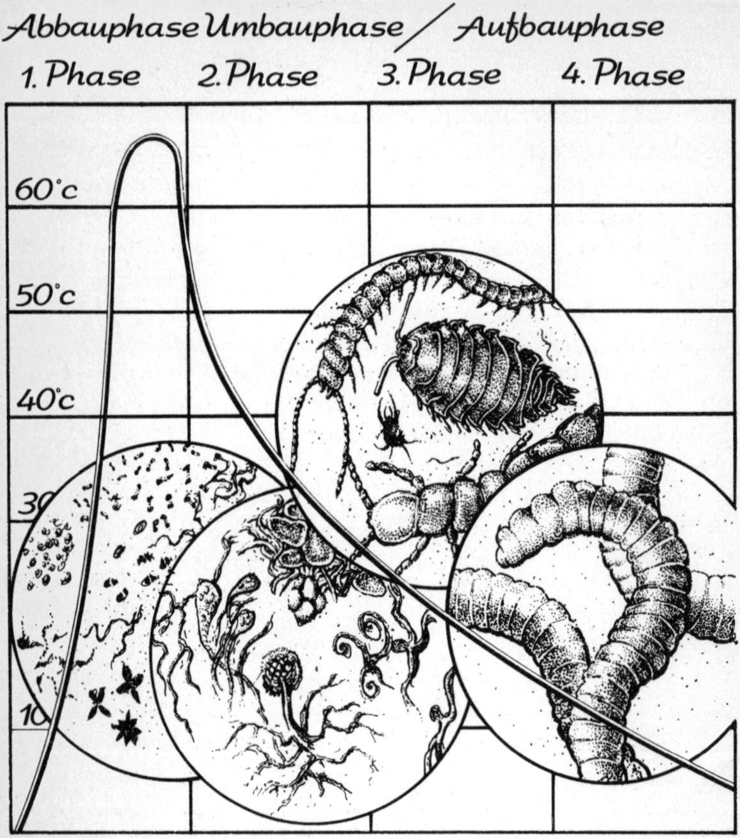

Ablauf der Verrottung im Kompost. In der ersten Phase sind vor allem Bakterien und niedere Pilze aktiv, in der zweiten Phase kommen niedere Tiere dazu, dann halten Springschwänze, Asseln und Käferlarven Einzug und überlassen zum Schluß den Regenwürmern das Feld.

dieser gut durchlüfteten Zone werden stets die Kokons abgelegt. Besonders artenreich ist die Erde der Buchenwälder. In den Wiesen ist die untere Humusschicht nahrungsreich wegen der vielen absterbenden Graswurzeln. Der Humus der Äcker wird zu oft gemischt, ist zwischen Ernte und Saat kahl und daher artenarm. In Dünger- und Komposthaufen leben nach dem Abklingen der stürmischen Umsetzungsprozesse auch ganz bestimmte Regenwurmarten.

Bei dem Tennessee-Wriggler, der heute vorwiegend für den Regenwurmkompost angeboten wird, handelt es sich um einen roten, schlanken, etwa 6 bis 8 cm langen Regenwurm. Dieser Regenwurm läßt sich auch in unserem Klima im Gartenboden zuverlässig und reichlich vermehren. Gegenüber anderen Regenwürmern hat er den Vorzug, ein anspruchsloser Gesell zu sein. Er frißt sich auch durch Karton, Papier und Sägemehl hindurch, ist anpassungsfähig und bei ausreichendem Futterangebot auch standorttreu.

Der vorbereitete Kompost wird vom Regenwurm in etwa 4 bis 6 Monaten zu einem ausgereiften Regenwurmkompost verarbeitet, der gegenüber dem Normalkompost etwa den fünffachen Düngewert besitzt. Der Tennessee-Wriggler verträgt ziemlich hohe Temperaturen, weicht aber bei Extremtemperaturen (Hitze oder Kälte) in tiefere Erdschichten aus. Ebenso wie andere Regenwürmer lockert er den Boden auf und bringt feinste von den Pflanzen noch verwertbare Mineralteilchen nach oben. Seiner Verwendung zur Belebung der Gartenbeete ist Erfolg beschieden, wenn die Beete dick gemulcht sind und überdies einen hohen Gehalt jener Futtersorten enthalten, die der Regenwurm bevorzugt. Beispielsweise lassen sich bei dick aufgetragenen Mulchschichten mit Mist von Geflügel, Schaf, Rind oder Pferd erfahrungsgemäß auch sehr dichte Wurmansammlungen direkt im Gartenbeet erzielen (etwa bei Erdbeeren und beim Rhabarber als Herbst- und Wintermulch). Werden Mistwürmer aber auf die normalen Gartenbeete gebracht, ohne daß Futter aufgetragen wird, dann wandern sie von dort nach einer gewissen Zeit wieder ab und suchen sich solche Orte im Garten, die ihren Ansprüchen besser gerecht werden. Aus dem gleichen Grund wandern sie ebenfalls aus fertigem Kompost ab: Dort wird es ihnen zu kühl und sie finden kaum noch Nahrung.

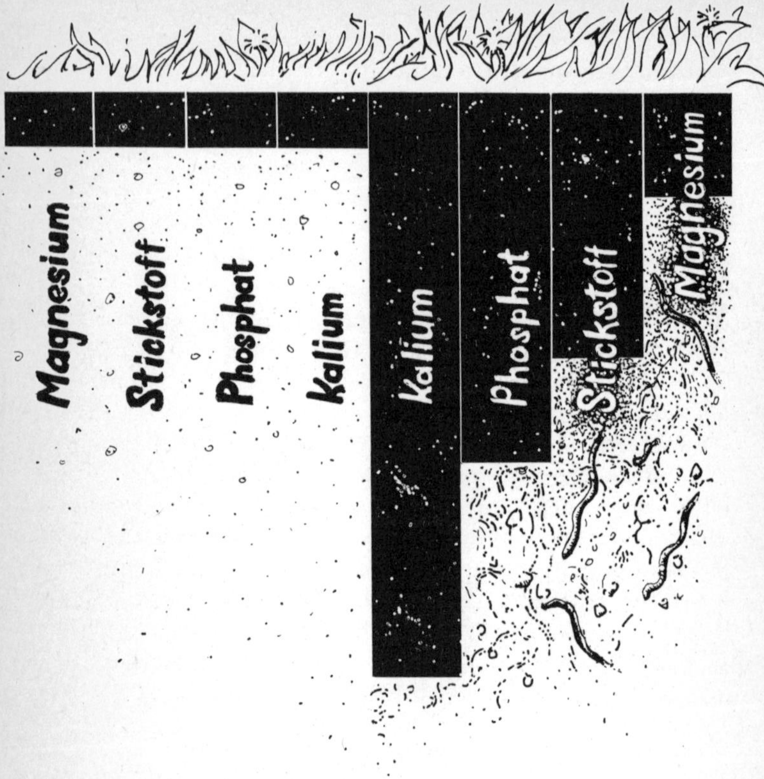

Regenwürmer reichern den Boden mit wichtigen Mineralien an. Im linken Teil sind die normalen Konzentrationen, im rechten Teil die durch den Regenwurm bewirkten Anreicherungen dargestellt.

Die Partner des Regenwurms

Überhaupt dürfen die positiven Auswirkungen der Regenwürmer auf die Mikrofauna und -flora des Bodens nicht isoliert gesehen werden. So kommt den einzelligen Lebewesen und speziell den Bakterien wohl die größte Bedeutung bei der Bodenarbeit zu. Dazu gesellen sich die einzelligen myzelbildenden Strahlenpilze, die eigentlichen Pilze sowie die chlorophyllhaltigen Algen.

Schließlich sind neben diesen Kleinstlebewesen noch die Fadenwürmer (meist als Pflanzenschädlinge), die Asseln, die Milben, die Tausendfüßler, die Springschwänze und Larvenstadien vieler Käfer als wichtige Bodenbearbeiter zu nennen. Nicht nur ein Vergleich der Anzahlen, auch ein Vergleich der Gewichte der in den Böden lebenden Organismen zeigt das buchstäbliche Übergewicht der Mikroorganismen.

Wenn auch die Mikroorganismen den Regenwurm quantitativ in den Schatten stellen, so bleibt er qualitativ für den Gärtner doch der wichtigste Vertreter des Bodenlebens. Zum einen sorgt er gerade für einen Boden, in dem sich auch die Mikroorganismen wohl fühlen, zum zweiten ist seine Arbeit im Untergrund entscheidend für den Aufbau eines krümeligen Bodens, der stabilen Verbindung von mineralischem Ton und organischem Humus, zum dritten schließlich kann der Gärtner seinem Freund Regenwurm direkt gute Lebensbedingungen im Boden oder im Kompost sichern, während er die Mikroorganismen allenfalls indirekt beeinflussen kann.

Der Regenwurm ist ein Zwitter

In jedem Regenwurm sind männliche und weibliche Geschlechtsorgane vorhanden. Die Regenwürmer vermehren sich jedoch nicht durch Selbstbefruchtung, sondern sie kopulieren in der männlichen Phase miteinander und tauschen die Spermien aus. Später, in der weiblichen Phase, befruchten sie die von ihnen abgesonderten Eier mit den Spermien des Kopulationspartners, die sie solange in einer dafür vorhandenen Samentasche aufbewahrt haben. Bei günstigen Bodentemperaturverhältnissen (ungefähr 12–20 °C) vermehrt sich der Regenwurm sehr schnell.

Man kann wöchentlich je geschlechtsreifem Regenwurm mit einem Eikokon rechnen. Ein Eikokon kann 2 bis 6 Würmchen ent-

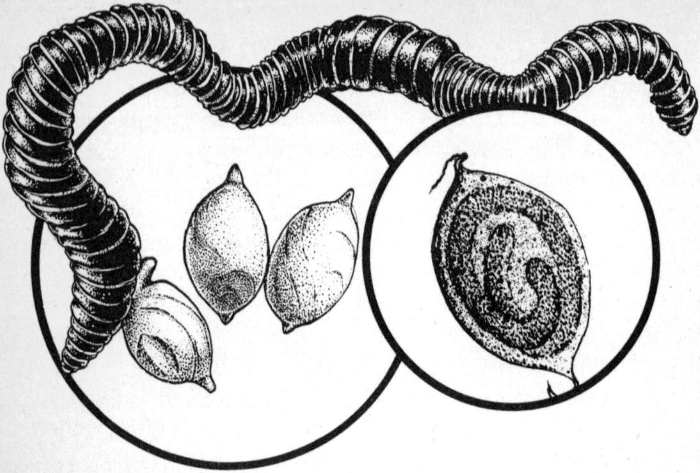

Regenwurm mit segmentiertem Vorder- und Hinterteil, dem deutlich ausgebildeten Gürtel (Clitellum), darunter Kokons und ein Kokon mit Jungtier.

halten. Die Eikokons sind leicht zu erkennen. Sie sind hellgelb oder auch leicht mittelbraun und haben die Größe von 2–3 mm. Aus den Wurmeiern schlüpfen nach etwa 2 bis 3 Wochen fadenförmige weißliche Jungwürmer, die etwa 7–8 mm lang sind. Sie sind – ebenfalls bei optimaler Umgebungstemperatur – nach 70–80 Tagen geschlechtsreif.

Wie alt wird ein Regenwurm?

Die Angaben darüber gehen weit auseinander. Laborversuche haben ein nachweisbares Alter von bis zu 10 Jahren ergeben. Im Freiland ist beim Tennessee-Wriggler mit 2 bis 3 Jahren zu rechnen. Unter sehr günstigen Bedingungen können es auch mehr sein.

Regenwürmer sind lichtempfindlich

Sind die Regenwürmer nur verhältnismäßig kurze Zeit dem Licht oder gar der Sonne ausgesetzt, kann das ihren Tod bedeuten. Bei starker Sonneneinwirkung gehen sie unmittelbar zugrunde. Wenn der Regen zu stark in die Regenwurmkanäle eindringt, flüchten die Regenwürmer wohl aus Mangel an Atemluft nach oben. Bleiben sie nun auf Beton, Asphalt, Steinplatten usw. liegen, die ihnen kaum eine Rückkehr in das Erdreich ermöglichen, sind sie durch die längere Lichteinwirkung unweigerlich dem sicheren Tod ausgeliefert. Darum muß man den Regenwurm vor längerer Lichteinwirkung schützen, indem man stets für ausreichende Abdeckung sorgt.

Den Regenwurm gegen chemische Einflüsse schützen

Der Regenwurm ist stark empfindlich gegenüber Veränderungen des pH-Wertes im Boden. Wegen seiner ungeschützten äußeren Haut verträgt er keine Säuren und Salze, keine Pflanzenschutz- und Unkrautbekämpfungsmittel und keinen chemischen Dünger. Diese müssen unbedingt vermieden werden, wenn man den Regenwurm nicht töten oder vertreiben will.

Schleim schützt den Wurm

Die Haut der Regenwürmer ist zugleich Atmungsorgan. Sie muß, um dem Sauerstoff den Übertritt in das Blut zu ermöglichen, stets feucht gehalten werden. Daher sondern Drüsen in der Haut Schleim ab. Der darin von den Regenwürmern ausgeschiedene Stickstoff besteht bis zur Hälfte aus Eiweiß, der Rest aus Harnstoff und Ammoniak.

Der Schleim macht den Wurmkörper schlüpfrig, damit er sich an den oft scharfen Mineralteilchen des Bodens nicht verletzt. Etwas Schleim bleibt beim Hindurchkriechen an den Röhren- oder Gangwänden kleben und zersetzt sich dort. Da bei der Eiweißzersetzung Ammoniak entsteht, haben die Regenwürmer also selber einen starken Einfluß auf den pH-Wert des Bodens, mit dem sie in Berührung kommen. Der Regenwurm liebt es sauer in seinen Gängen. Bei mechanischen Verletzungen oder bei Berührung mit Chemikalien schleimen die Regenwürmer besonders stark, mitunter schon beim Kontakt mit der bloßen Hand (Salzgehalt im Schweiß).

Die Feinde des Regenwurms: Vogel, Maulwurf, Wühlmaus, Kröte, Frosch, Käfer, Tausendfüßer, Igel und Eidechse.

Die Feinde des Regenwurms

Zu den Feinden des Regenwurms gehören: Vögel, Maulwürfe, Wühlmäuse, Spitzmäuse, Igel, Schlangen, Kröten, Frösche, Ameisen, Tausendfüßler und verschiedene Käferarten. Jungwürmer werden vermutlich durch Raubmilben dezimiert. Ferner können die Würmer an bakteriellen Infektionen sterben. Es wird angenommen, daß die Feinde des Regenwurms jedes Jahr etwa die Hälfte seiner Nachkommenschaft wegfressen. Trotzdem soll ein Regenwurm nach seiner Geschlechtsreife im Jahr eine überlebende Nachkommenschaft von etwa 100 bis 200 Regenwürmern im Freiland hervorbringen.

Im nachfolgend beschriebenen Regenwurmzucht-Doppelkammersilo ist der Regenwurm gegen seine ärgsten Feinde weitestgehend geschützt. Im Garten kann man die häufigsten und schwierigsten Feinde, die Vögel, durch Vogelschutznetze fernhalten. Das ist ganz besonders bei neubesäten Beeten und bei solchen, in die

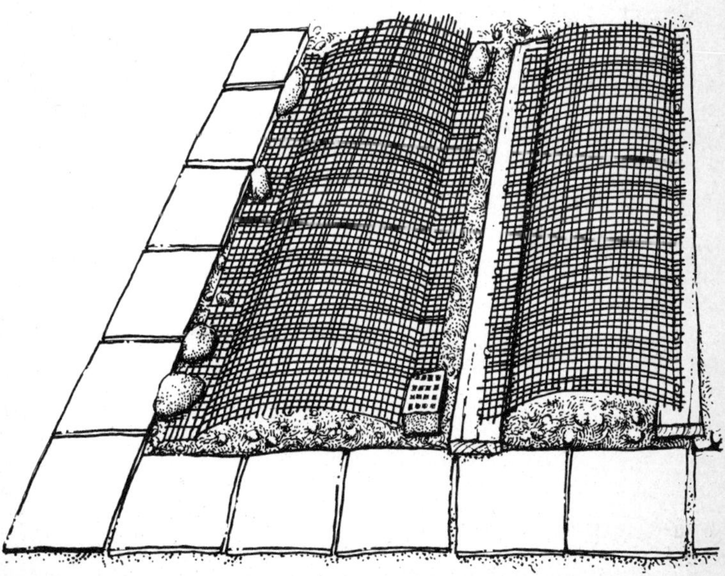

Drahtgitter als Schutz vor Vögeln.

gerade Regenwurmzuchtkompost eingebracht wurde, sehr wichtig. Ein erfahrener Heimgärtner verwendet als Vogelschutz Drahtgitter mit 1 m Breite, das man in Rollen vom Eisenhandel beziehen kann. Von einer solchen Drahtgitterrolle werden entsprechend lange Stücke abgeschnitten und auf beiden Seiten so zum Umbiegen gekantet, daß die 1 m langen Stücke auf die Beete und Einfassungen bequem windfest aufgesetzt werden können. Wenn nötig, stützt man den Draht in der Mitte durch einen kleinen Holzstab ab.

Vermehrung durch Regenwurmzucht

Nach Beginn der Geschlechtsreife bringen die Regenwürmer je Tag etwa einen Nachkommen hevor, also im Jahr rund 360 Regenwürmer.

Bei zu niedrigen Temperaturen und nicht genügend feuchtem Substrat können die Eier in den Eikokons vorübergehend in ein Ruhestadium übergehen. Werden Temperaturen und Feuchte des Substrates wieder günstiger, so schlüpfen die Jungwürmer mit einer entsprechenden Entwicklungsverzögerung. Solche „Ruhestandseier" überleben innerhalb der Kompostmasse bis zu 6 Monaten.

Temperaturen über 30 °C werden – besonders wenn Temperaturen über 40 °C erreicht werden – nur bedingt toleriert, und weniger als 5 °C sind für die Regenwurmvermehrung ungünstig. Je nach Lebensbedingungen – Temperatur, Feuchte, Jahreszeit, Zusammensetzung und Angebot des Futters – kann die Vermehrung noch beschleunigt werden. Dann können sich in einem Kubikmeter größtenteils durchgearbeiteten Regenwurmzuchtkompost gut und gern 40 000 Regenwürmer und viele Eikokons befinden. Anzumerken ist, daß sich die Würmer vor allem in den oberen Substratschichten aufhalten.

Was Regenwürmer im Boden bewirken

Reges Regenwurmleben und sonstiges reiches Bodenleben ist für das Wachstum und die Qualität des Gemüses wichtig. Treten nur wenige oder keine Regenwürmer auf, so ist das immer ein ernstzunehmendes Warnzeichen. In einem aktiven und gesunden Boden sollen in der Humusschicht (oberste 15 cm) je qm immerhin etwa 200 Regenwürmer vorhanden sein. 400 Regenwürmer je qm

sind jedoch erstrebenswert und durch den Regenwurmzuchtkompost auch erreichbar.
Der Regenwurm sorgt dann im Gartenboden auch für einen besseren Wärmeausgleich. Durch das große Netz von Luftkanälen, die Krümelstruktur des Bodens und die dadurch kräftigere Sauerstoffzufuhr ist die Aktivität der bodenlebenden Organismen, u. a. der Bakterien, größer und damit die Wärmebilanz des Bodens günstiger als bei wurmarmen oder wurmfreien Gartenböden. Diesen Unterschied kann man während der kalten Jahreszeit vielfach beobachten. Sind wurmarme Beete von Reif befallen, so ist bei wurmbelebten Beeten im gleichen Gelände kein Reif festzustellen. Schon bei geringem Schneefall weisen wurmarme Beete eine mehr oder weniger starke Schneedecke auf, während wurmbelebte Beete im gleichen Gelände schneefrei bleiben. Der so nachgewiesene bessere Wärmeausgleich und Wärmehaushalt hilft zusammen mit weiteren Maßnahmen (Tunnels, Abdeckung usw.) zur Ausdehnung der Früh- und Späternten.
Die festen Ausscheidungen bodenbewohnender Würmer, Insekten, Milben und anderer Kleintiere bezeichnet man in Anlehnung an die Jägersprache als Losung. Regenwurm-Losung ist leicht zu erkennen. Sie wird teils im Bodeninnern, teils an der Oberfläche abgelegt, letzteres besonders im Frühjahr, wenn die Würmer wieder aktiv werden und ihr im Winter durch Frieren und Tauen zerstörtes Gangsystem erneut einrichten. Auf ständig bewachsenem oder kurzfristig bedecktem Boden geben die Regenwürmer mehr Losung ab als auf nackten Oberflächen. Ein Grund für die oft große Fruchtbarkeit von Grünland- oder Ackerboden nach dem Umbruch. Die Kotkrümel der Regenwürmer enthalten konzentriert Nährelemente, aus denen sich wachsende Pflanzen leichter versorgen können, als wenn diese Stoffe gleichmäßig verteilt wären. Diese Erscheinung spielt in unseren Kulturböden kaum noch eine Rolle. Sie wird von der Wirkung der Mineraldünger völlig überdeckt. Dagegen machte sie in früheren Jahrhunderten die Brache so wirkungsvoll und gelangt im landwirtschaftlichen genutzten Bio-Garten zu neuen Ehren.

Regenwurm verhindert Erosion

Ein reichlich regenwurmbelebter Gartenboden widersteht der

Querschnitt durch die oberste Bodenschicht. Regenwürmer in den Röhren, Kothäufchen (Losung) an der Oberfläche.

sonst vorhandenen Gefahr der Erdabtragung durch Wasser (Erosion). Selbst bei stärkeren Regengüssen kann ein solcher Gartenboden die Regenmenge innerhalb von 15 Sekunden voll aufnehmen, während ein Boden mit nur sehr wenigen Regenwürmern dazu bis zu 2 Stunden benötigt, wenn nicht schon vorher ein Teil des so kostbaren Gartenbodens weggeschwemmt worden ist. Wo Regenwürmer reichlich vorhanden sind und wo die abgeernteten Beete während der kalten Jahreszeit mit halbreifem Kompost, Stallmist, angerottetem Laub oder Rasenschnitt gemulcht werden, dringt das Regenwasser und die Winterfeuchte durch das verbesserte Versickerungsverhältnis leicht in den Boden ein.

Der Regenwurm lebt von toten Stoffen

Die Regenwurmnahrung besteht nur aus pflanzlichen und tierischen Verwesungsstoffen – also niemals aus gesunden und somit lebenden Pflanzen, Wurzeln und Tieren. Der Regenwurm muß zu seiner guten Vermehrung richtig gefüttert und genügend feucht, aber nicht naß gehalten werden. Als Zersetzer verzehrt der Regenwurm in großen Mengen angerottete Pflanzenteilchen, mineralische Feinteilchen wie Erde, Sand und anderes mehr und verarbeitet alles zu einer feinen, höchst wertvollen Masse, dem Regenwurmkompost. Nach einer feuchten Nacht findet man auf dem Gartenboden überall kleine, krümelige Häufchen. Diese Regenwurmkrümel sind reich an Spurenelementen und enthalten viel mehr organischen Kohlenstoff und Gesamtstickstoff als bei bester Witterung, reichlichster Düngung und guter Bodenbearbeitung zu erreichen ist.

Da sich das Leben des Regenwurms im Wurzelbereich der Gemüsepflanzen vollzieht und er neben der Krümelablage auf der Oberschicht des Bodens auch die Wandungen der Regenwurmröhren mit seinen Ausscheidungen auskleidet, verhilft er den Pflanzen zu bestem Wachstum. Die Pflanzwurzeln werden nämlich stark angereizt, in diese Röhren einzudringen. Durch die dort vorhandenen Regenwurmausscheidungen können nun die Wurzeln die im Wandbelag konzentrierten Nährstoffe aufnehmen, die zu rascherem und kräftigerem Wuchs, größerer Widerstandsfähigkeit, reicherer Ernte und gesünderer Gemüsequalität beitragen.

Selbstbau von Doppelkammersilos zur Regenwurmzucht

Eine aus den USA übernommene Verfahrensweise, Kisten für die Regenwurmzucht im Keller aufzustellen, kann aus vielen Gründen nicht gutgeheißen werden. Der Regenwurmzuchtkompost soll ja dazu dienen, den Regenwurm auch im Freiland, Frühbeet und Gewächshaus wirksam und vermehrungsfreudig aktiv werden zu lassen. Um das möglichst vollkommen zu erreichen, ist es erforderlich, die Regenwurmzucht naturnah zu gestalten. Der Regenwurm muß deshalb während seines Heranwachsens im Silo in Verhältnissen leben, die seinen Ansprüchen weitgehend entsprechen und vor den Gefahren schützen, denen er im Freiland durch seine Feinde ausgesetzt wäre.

Silo aus Wabenziegelsteinen

Der Standort des Silos soll am besten im Halbschatten und gegen Wind geschützt sein. Die Bedienseite soll sich nicht nach Süden richten. Um den besten Kälte- und Wärmeschutz zu erreichen, ist es vorteilhaft, den Einbau in eine schon bestehende oder künstlich angelegte Böschung vorzunehmen.

Materialbedarf für das Wabenziegelsteinsilo

56 HLZ Wabensteine aus Ziegel, 49 × 24 × 24 cm
20 Sack Maurerzementfertigmörtel zu je 40 kg
1/4 Kubikmeter Kies mit einer Körnung von etwa 10 bis 20 mm
2 verzinkte Gitter, 118 × 100 cm, Drahtgitterabstand 10 × 10 mm
2 Lichtschutzabdeckungen, 118 × 100 cm, wie auf Seite 67 beschrieben
4 Alu-Handgriffe für die Bedienung der beiden Abdeckgitterrahmen

2 komplette Reiber zum Festhalten der Bedienungsleiste des Schlupflochabdeckschiebers
12 Dübel, 10 × 50 mm, für die Schrauben, die für Teil ① benötigt werden
14 Dübel, 8 × 45 mm, für die Schrauben, die für Teil ② benötigt werden
26 Unterlegscheiben für die vorstehend genannten Schrauben
1 Päckchen Krampen, 20 mm, zum Befestigen der Gitter auf den Abdeckrahmen und der zusätzlichen Lichtschutzabdeckung

Holzteile und Schrauben für das Doppelkammersilo aus Wabenziegelsteinen

Teil-Nr.	Stück	Benennung	Abmessung in cm	Schrauben Stück	Schrauben Größe in mm
1	4	Rahmenschenkel	5,0 × 5,0 × 100,0	12	8 × 80
2	2	Dachlatten	2,5 × 5,0 × 12,5	4	6 × 60
3	1	Rahmenschenkel	5,0 × 5,0 × 90,0		
4	1	Dachlatte	2,5 × 5,0 × 90,0	3	6 × 50
5	4	Rahmenklötze	5,0 × 5,0 × 10,0	8	8 × 70
6	2	Einschubbretter	2,5 × 20,0 × 99,0		
	1	Einschubbrett	2,5 × 15,0 × 99,0		
	1	Einschubbrett	2,5 × 20,0 × 55,0		
7	2	Dachlatten	2,5 × 5,0 × 40,0	3	6 × 70
8	2	Dachlatten	2,5 × 5,0 × 90,0	3	6 × 70
9	1	Schlupfloch-abdeckplatte	2,5 × 23,0 × 43,0		
10	1	Dachlatte	2,5 × 5,0 × 75,0	3	6 × 45
11	2	Dachlatten	2,5 × 5,0 × 10,0	4	6 × 50
12	2 2	Dachlatten Dachlatten (Anschlagrahmen)	2,5 × 5,0 × 130,0 2,5 × 5,0 × 220,0	14	6 × 50
13	4 4	Dachlatten Dachlatten (Abdeckgitter)	2,5 × 5,0 × 118,0 2,5 × 5,0 × 108,0	16	4 × 20

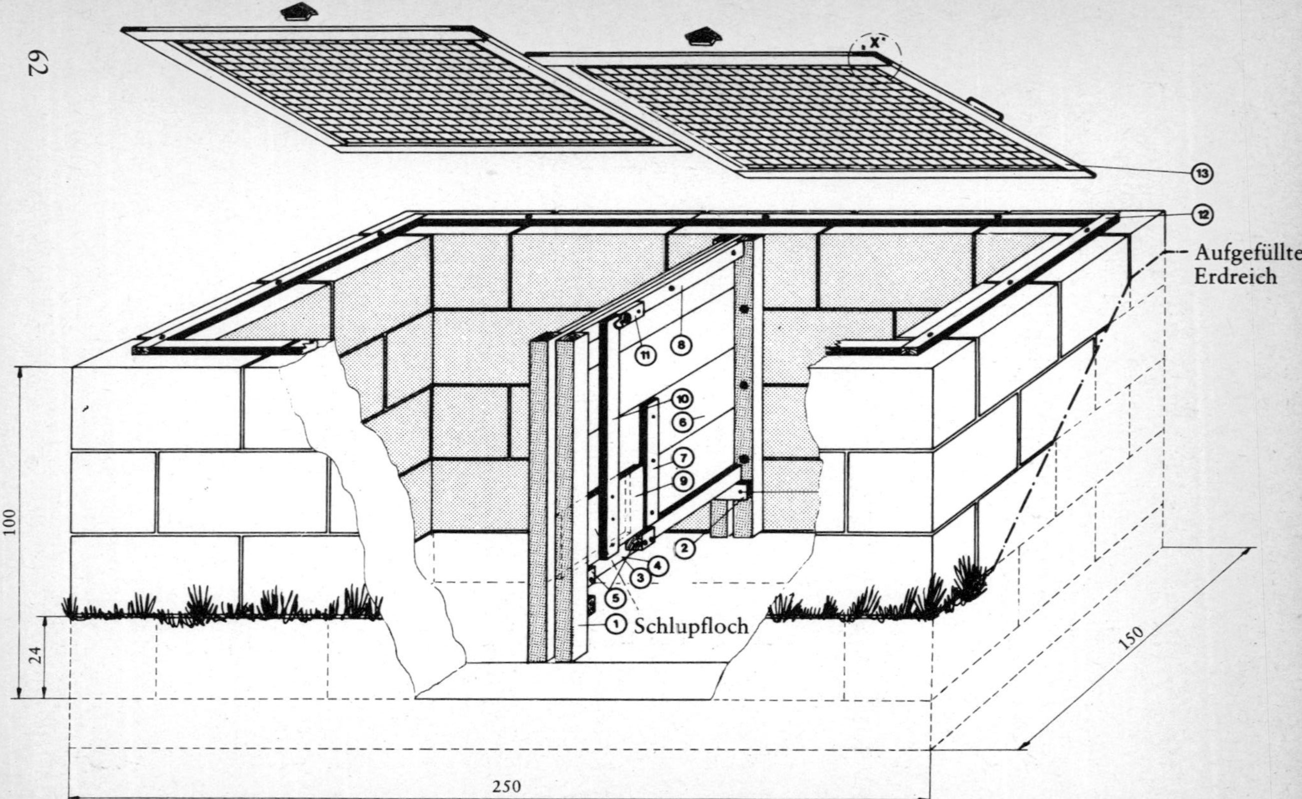

Aufgefülltes Erdreich
Schlupfloch
1
2
3
4
5
6
7
8
9
10
11
12
13
„X"
100
24
250
150

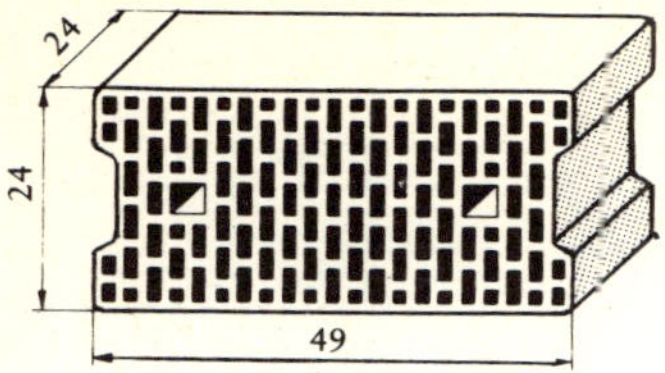

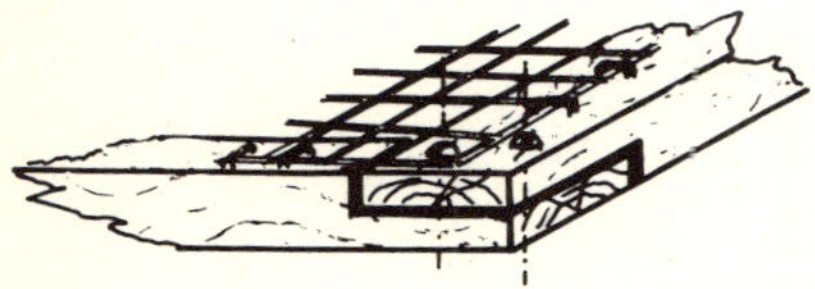

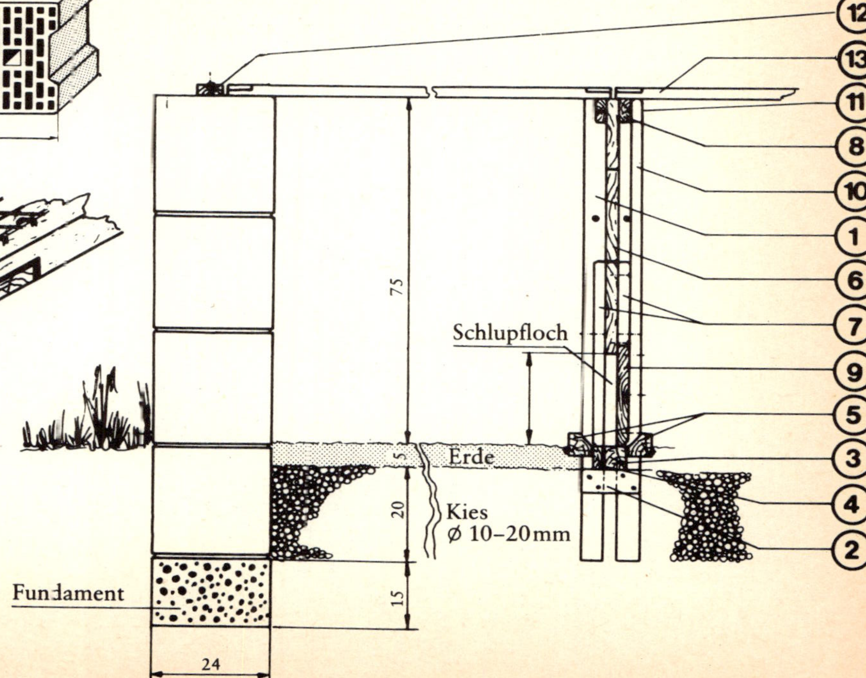

Montagezeichnungen
für das Wabenziegelsteinsilo.

Beschaffung der Baumaterialien

Bevor man die Baugrube aushebt, ist es zweckmäßig, zuerst das erforderliche Baumaterial zu besorgen. Dazu gehören die 56 HLZ Wabenziegelsteine gemäß der Abbildung auf Seite 63. Für das etwa 15 cm hohe Fundament, für das Aufmauern der Wabenziegelsteine und für den etwa 2 cm hohen Glattstrich, der eine leichte Außenneigung zum Abfließen des Regenwassers haben sollte, nimmt man am besten Fertigmörtel. Dieser ist in 40-kg-Säcken abgepackt und in allen Baustoffgroßhandlungen erhältlich. Zum Anrühren des Mörtels für einen 40-kg-Sack sind 6,5 l Wasser erforderlich. Ein 40-kg-Sack ergibt etwa 25 l Naßmörtel, der nach gründlichem Durchmischen innerhalb von 2 Stunden verarbeitet werden soll. Den Zementmörtel kann man für das Fundament, das Aufmauern der Ziegelsteine und für den Glattstrich verwenden. Für alle Arbeiten benötigt man etwa 20 Sack Mörtel. Zum Anrühren eignet sich eine größere, ältere Wanne. Wie mit der Abbildung auf Seite 63 gezeigt, wird für eine etwa 20 cm hohe Kieslage ungefähr 1/4 Kubikmeter Kies, Körnung 10 bis 20 mm, benötigt.

Montageanleitung für die Doppelkammersilo-Holztrennwand

Bei der Montage unbedingt die nummernmäßige Reihenfolge einhalten.

1. Die beidseitigen Rahmenschenkel mit den in den Mauerfugen eingebrachten Dübelhülsen so verschrauben, daß sich jeweils in der Mitte der beiden Rahmenschenkel eine Fuge von etwa 35 mm zum Einschieben der 25 mm starken Trennbretter ergibt.
2. Dachlatte und Auflage für den unterbrochenen Querrahmenschenkel.
3. Auf voller Breite laufender Rahmenschenkel zur Auflage der Trennwandbretter.
4. Auf der Gegenseite des Rahmenschenkels aufgefutterte Dachlatte zur Auflage des Schlupflochabdeckschiebers. ③ und ④ werden auf Rahmenschenkel ① aufgenagelt.
5. Abgeschrägte Führungsklötze, die auf den Rahmenschenkel aufgeschraubt werden. Diese sind für jede der beiden Kammern zweimal vorhanden, zum leichteren Aufsetzen des Schlupflochabdeckschiebers.

6. Einschübe der 25 mm starken vier Trennbretter für die Trennwand.
7. Dachlatten über zwei Bretterhöhen zum Halt des unteren kürzeren Zwischenbrettes.
8. Auf dem obersten Trennbrett beidseitig aufgeschraubte Dachlatten zur Auflage der beiden Abdeckgitter.
9. Schlupflochabdeckschieber, dessen Platte das Schlupfloch seitlich und nach oben um jeweils 3 cm überlappt. Der Abdeckschieber wird also 23 × 43 cm.
10. Auf dem Schlupflochabdeckschieber aufgeschraubte Bedienungsleiste, 5 bis 10 cm breit, die oben mit einem Reiber festgehalten wird.
11. Die Reiber sitzen auf einem jeweils aufgefutterten, 10 cm langen Dachlattenstück, das beidseitig auf die Dachlatte ⑧ aufgeschraubt ist.
12. Auf dem Zementglattstrich aufgedübelter und verschraubter Dachlattenanschlagrahmen für das Einlegen der verzinkten Abdeckgitter.
13. Die verplatteten Abdeckgitterrahmen werden miteinander verschraubt und das Abdeckgitter mit Krampen darauf befestigt. Siehe Teilansicht Seite 63. Zwischen dem Anschlagrahmen und den Abdeckgitterrahmen muß auf allen vier Seiten ein Abstand von etwa 1 cm vorgesehen werden, damit das Einlegen und Abnehmen der Abdeckgitter leicht bewältigt werden kann.

Aushub der Baugrube

Wird das Doppelkammersilo auf ebener Erde gebaut, so ist es zunächst nur nötig, die Erde auf einer Fläche von 250 × 150 cm und 24 cm Tiefe auszuheben. Bündig mit allen vier Außenflächen wird dann ein Graben für das Fundament von 24 cm Breite und 15 cm Tiefe ausgegraben. Nach der Abbildung auf Seite 63 wird das Silo so gebaut, daß der Erdanschluß auf allen vier Seiten auf der Höhe der angedeuteten Grasbüschel ist. Um den Wärme-/Kälteschutz zu verstärken, füllt man die beiden Siloseiten am besten mit Erde auf. Die Rückseite kann bis etwa 10 cm unter der Oberkante des Mauerwerks angefüllt werden. Die Vorderseite bleibt frei.
Kann man das Doppelkammersilo jedoch in eine bereits vorhande-

ne Böschung einbauen, so ist das für den Kälte-/Wärmeschutz die beste Lösung. In diesem Fall sind für die Baugrube weitere 10 cm nach hinten und zu den Seiten hin auszuheben. Auch hier sollte die Rückwand etwa 10 cm erdfrei herausschauen. Ist das Mauerwerk fertig und genügend angetrocknet, wird dieser Freiraum von 10 cm zwischen Mauerwerk und Erdreich wieder gut mit Erde aufgefüllt und nach dem späteren Setzen der Erde nochmals nachgefüllt.

Maurerarbeit

Angerührt und vermischt ist der Mörtel bis zu 2 Stunden verarbeitungsfähig. Die Wabensteine für das Fundament werden in den weichen Zementbrei verlegt. Die Steine lassen sich dann leichter ins Lot bringen. Die Wabensteine nicht unnötig mit Mörtel füllen, weil gerade diese Hohlräume die höchste Wärme- und Kältedämmung besitzen.

Die waagrechten und senkrechten Mörtelfugen sollen etwa 1 cm stark sein. Wie schon in der Montageanleitung für die Anbringung der Silozwischenwand unter ① gesagt und auf der Abbildung Seite 62 gezeigt, müssen zum Befestigen der beidseitigen Rahmenschenkel in den drei Mauerquerfugen jeweils drei Dübel mit einer Länge von 50 mm und einer Stärke von 10 mm so eingemauert werden, daß sich nach dem späteren Anschrauben der Rahmenschenkel zwischen den beiden Rahmenschenkeln jeweils eine Fuge von etwa 30 mm zum Einschieben der 25 mm starken Trennbretter ergibt. Die Dübel baut man wandeben ein und verstopft sie vor dem Einbau mit herausnehmbarem Papier, damit sie beim Einmauern nicht mit Mörtel gefüllt werden.

Als Abschluß des Mauerwerks wird ein Zementglattstrich von 2 cm Stärke aufgetragen. Die Aussparungen in den Wabensteinen werden nicht mit Mörtel gefüllt. Die für die Verschraubung nötigen Dübel für die Anschlagrahmen ⑫ drückt man ebenfalls in die noch weiche Mörtelmasse ein, und zwar am besten in die Fugen zwischen den Steinen.

Erforderliche Kieslage

Sobald die erste Lage der Wabensteine auf dem Zementfundament aufgebaut ist, sollte man den Kies 20 cm hoch einbringen und darauf noch etwa 5 cm gute Gartenerde geben. Für diesen Zweck sollte man vom Aushub genügend Muttererde bereithalten; denn brächte man Kieslage und Gartenerde erst nach dem völligen Ausbau der Silos ein, wäre das viel umständlicher. Die Kieslage dient als Schutz vor Regenwurmfeinden, vermittelt Feuchtigkeitsausgleich und läßt den Regenwurm nicht so leicht abwandern.

Holzteile dürfen nicht imprägniert werden
Die für Trennwand und Abdeckgitterrahmen erforderlichen Holzteile dürfen nicht imprägniert sein. Die mit der Verwendung von Holzschutzmitteln auf chemischer Basis verbundene Problematik der Schadstoffübertragung aufs Bodenleben schließt einen Gebrauch imprägnierter Ware aus. Dies läßt sich sowieso nicht mit den Prinzipien des biologischen Gartenbaus vereinbaren.

Drahtgitterabdeckung
Die beiden Drahtgitterabdeckrahmen sind als lose Einlegegitterrahmen vorgesehen. Die Holzrahmen dazu werden aus Dachlatten gemacht. Diese werden zur Eckverbindung geplattet und verschraubt, Abbildung Seite 63. Der Anschlagrahmen zum Einlegen der beiden Drahtgitterabdeckungen ⑫, Seite 62, wird ebenfalls aus Dachlatten hergestellt und mit 14 Dübeln, 8×45 mm, im Zementglattstrich durch Verschraubung festgehalten. Die beiden Drahtgitterabdeckrahmen müssen auf der Silokammertrennwand möglichst dicht geschlossen aufliegen. Der Spielraum zwischen beiden Rahmen sollte nicht mehr als 1 cm betragen. Zum leichten Abheben sind je Rahmen zwei Alu-Handgriffe günstig.

Lichtschutzabdeckung
Die Drahtgitterabdeckung wird zusätzlich mit einer Lichtschutzabdeckung versehen. Dazu kann man luftdurchlässigen Sackrupfen verwenden oder auch Schattengewebe, das in Fachgeschäften für Gartenbedarf erhältlich ist. Zu bevorzugen ist grünes, engmaschiges Gewebe. Gelbe Farbe und weitmaschiges Gewebe sind ungeeignet.
Das Flächenmaß der Schattengewebe- oder Sackrupfenabdeckung soll 118×100 cm, also genauso groß wie das verzinkte Drahtgitter sein. Die Lichtschutzabdeckung wird erst nach dem Befestigen des Drahtgitters über dieses gesondert mit den schon erwähnten

Krampen auf dem Holzrahmen befestigt. Gesondert deshalb, weil die Lichtschutzabdeckung früher verschleißen wird und dann einfacher erneuert werden kann.

Silo in Holzbauweise

Auf den vorstehenden Seiten wird ein Doppelkammersilo aus Wabenziegelsteinen beschrieben. Nachstehend wird nun ein weiteres Doppelkammersilo dargestellt, das aus Holz gebaut werden kann. Wo liegen die Vor- und Nachteile beider Ausführungen?
Wabenziegelsteinbauweise: Diese Ausführung ist von beinahe unbeschränkter Lebensdauer. Das dafür benötigte Material ist jedoch weit kostspieliger als das für die nachstehend beschriebene Holzbauweise. Auch hat nicht jeder Heimgärtner das erforderliche bauhandwerkliche Geschick, das für den Selbstbau eines Wabenziegelsteinsilos, in guter Verarbeitung, unbedingt vorausgesetzt werden muß.
Holzbauweise: Die Holzbauweise ist nicht nur in bezug auf das Material kostengünstiger, sie verlangt auch weniger Arbeitsaufwand und handwerkliches Können. Dafür kann jedoch bei dieser Lösung nur mit einer Lebensdauer von 10 bis 15 Jahren gerechnet werden.

Der richtige Platz

Es ist sehr günstig, wenn die Vorderwand des Silos mit den schräggestellten Lüftungsöffnungen immer nach Norden gerichtet ist. Dadurch wird die Sonneneinstrahlung verhindert. Aus dem gleichen Grund ist es auch nützlich, die Plazierung unter schattenspendenden Bäumen oder Sträuchern vorzunehmen.

Palisadenabschrankung

Freistehende Doppelkammersilos können mit einer Palisadenumgrenzung und -abstützung einen zusätzlichen Schutz bekommen. Natürlich kann man zur Erdabstützung auch Dielen oder anderes Stützmaterial verwenden, das aber in der Regel kaum preisgünstiger oder mühesparender sein dürfte. Palisaden sind für die Gartenanlage nicht nur schöner, sie sind auch anpassungsfähiger.

Der richtige Platz für das Doppelkammersilo. Besser steht das Silo in hängigem Gelände, wo es in den Hang richtig hineingebaut werden kann.

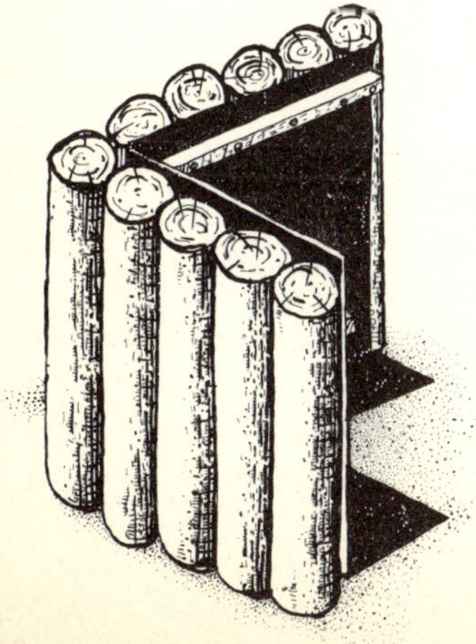

Schutz der Palisaden durch das Anbringen von Dachpappe.

Hinter den Palisaden muß man immer auf deren ganzer Höhe entweder Dachpappe oder starke Folie mit Dachpappennägeln anbringen. Die Dachpappe oder Folie muß im unteren Teil etwa 30 cm länger gehalten werden als die sichtbare Höhe der eingesenkten Palisaden. Dieser verlängerte Teil wird rechtwinklig zum gewachsenen Boden hin umgebogen und dann mit der folgenden Erdanfüllung abgedeckt. So kann die Erdanfüllung hinter den Palisaden nicht so schnell austrocknen, und es kann vor allem auch kein Regenwasser entweichen.
Es ist ratsam, am oberen Ende der Palisaden, also über der angebrachten Dachpappe oder Folie, eine entsprechend lange Dachlatte oder ein schmales Brett anzubringen, durch welche mit genügend langen Nägeln jede Palisade in Reih und Glied festgehalten wird. Bei einigem Geschick braucht man bei dieser Lösung weder Dachpappe noch Folie vorher mit Dachpappennägeln anzunageln.
Um die richtige Länge der jeweils erforderlichen Palisaden zu bestimmen, muß beachtet werden, daß die Palisaden auf der Einschlagseite angespitzt sein und mindestens 30 bis 40 cm in den Boden eingeschlagen werden müssen. Die Palisaden sollen so hoch sein, daß sie etwa 5 cm unter die Silooberkante zu stehen kommen. Der Durchmesser der Palisaden soll in der Regel etwa 12 bis 14 cm betragen. Sie können meist von Holzhandlungen und Sägewerken bezogen werden.

Silobaugrube
Auf jeden Fall ist für den Einbau des Doppelkammersilos eine Baugrube mit 15 cm Tiefe erforderlich. Damit man in dieser das Silo waagrecht aufbauen kann, muß die Baugrube in ihrer Größe etwas Spielraum haben, um auch an den vier Ecken je einen 5 cm hohen Backstein zum waagrechten Höhenausgleich unterlegen zu können. Man wird darum die Baugrube nach jeder Seite ungefähr 10 cm größer als die Ausmaße des Doppelkammersilos vorsehen, um eine Baugrube von etwa 246 × 120 cm zu haben. Das untere, über die ganze Silolänge von 227 cm gehende und 9,5 cm hohe Querbrett kommt in seiner vollen Höhe ins Erdreich zu stehen, verschwindet also völlig im Erdreich. Die 15 cm tiefe Baugrube wird nach dem Siloeinbau mit mittelgrobem Kies aufgefüllt.

Gesamtansicht eines Doppelkammersilos aus Holz.

Vorteile des neuen Doppelkammersilos in Holzbauweise

Die wichtigsten Punkte sind die neue Vorderfront (Bedienseite) mit den schräggestellten Einschubbrettern und das breite, stets offene Durchschlupfloch, das keinerlei Bedienung mehr erfordert. Diese Bauweise hat eine Reihe von Vorteilen:

1. Die Aktivität der Regenwürmer, deren Vermehrung und die Kompostreifung werden durch die intensivere Sauerstoffeinwirkung und bessere Feuchtigkeit wesentlich begünstigt.

2. Der Reifekompost bekommt eine viel lockerere Struktur als bisher.
3. Die Füllung des Silos kann weit müheloser erfolgen, weil die Schrägbretter nach und nach eingeschoben werden können.
4. Die Entnahme des Reifekompostes ist zeitsparender und einfacher geworden, weil man jetzt Schrägbrett für Schrägbrett herausnehmen kann – so wie der Fertigkompost durch die Herausnahme aus dem Silo in der Höhe abgebaut wird.

Bisher hinderten viele Gärtner folgende – allesamt nicht triftige – Bedenken daran, mit der Regenwurmzucht in einem solchen Silo zu beginnen:

- Der Regenwurm könnte durch die Lüftungsöffnungen der schräggestellten Bretter abwandern. In 3jähriger genauester Überwachung wurde jedoch ein solches Entweichen des Regenwurms niemals festgestellt.
- Die Feinde des Regenwurms würden über die schon erwähnten Lüftungsöffnungen Zugang für ihren schädlichen Raub finden. Auch dafür gab es während der vorstehend genannten Testzeit keinerlei Anhaltspunkte.
- Im Silo könnten durch die vorhandenen Lüftungsöffnungen die Feuchtigkeitsverhältnisse ungünstig beeinflußt werden. Genau das Gegenteil ist nachweislich der Fall. Über die Lüftungsöffnungen kann der Feuchtigkeitsgrad des ganzen Siloinhaltes viel besser überwacht werden.
- Durch die Lüftungsöffnungen könnte für den Regenwurm während der kalten Jahreszeit eine größere Erfrierungsgefahr bestehen. Auch das konnte nicht festgestellt werden. Der Regenwurm kann sich ja bei entsprechender Kälte in wärmere Gebiete innerhalb des Silos zurückziehen.
  Durch die dreiseitige Erdummantelung des Silos ist diese Möglichkeit noch günstiger als bisherige Variationen. Sollte man jedoch in sehr rauhen Gegenden eine Erfrierungsgefahr befürchten, so kann man die Vorderfront mit Strohmatten, Sackrupfen oder sonstigem geeigneten Isoliermaterial abdecken.

Die erforderlichen Bauteile für das Doppelkammersilo

Wie aus den Abbildungen Seite 71 ersichtlich ist, besteht das Doppelkammersilo aus fünf Bauteilen (zwei Seitenwände, zwei Rückwände, eine Silokammertrennwand mit Durchschlupf) und der Vorderfront, für die man sechs Einschubbretter und zwei Bretter über die ganze Silolänge benötigt. Dazu kommen noch die beiden Abdeckrahmen mit Drahtgeflecht und Schattierungsgewebe. Rückwände und Seitenwände haben die gleichen Ausmaße, Breite 110 cm, Höhe 97,5 cm. Alle Bretter für Rück-und Seitenwände haben die Größe 2,4 × 19,5 × 110 cm.

Herstellung und Montage der einzelnen Bauteile

Wie die einzelnen Bauteile herzustellen sind, kann man aus den folgenden Abbildungen leicht entnehmen. Die Abbildung auf Seite 71 zeigt auch, wie der Drahtgeflechtrahmen auf die etwas tiefer angenagelten Rahmenschenkel aufzusetzen ist. Aus der Abbildung Seite 74 sowie aus den Einzelzeichnungen für Seitenwände und Rückwand ist klar zu erkennen, welche Rahmenschenkel beim Anfertigen der verschiedenen Bauteile nach der Siloaußenseite und welche nach der Innenseite kommen müssen.

Seitenwände

Die beiden Seitenwände des Doppelkammersilos, Abbildung auf Seite 76, bekommen jeweils an der hinteren Kante nach innen einen Rahmenschenkel, der bei der Montage mit der Rückwand von innen her verbunden wird. An der vorderen Kante werden jeweils zwei Rahmenschenkel nach innen zur Befestigung der Führungsleisten angenagelt. Eine auf den hinteren Rahmenschenkel aufgenagelte Stoppleiste verhindert das Rutschen der Einschubbretter. Des weiteren wird auf der Innenseite am obersten Brett der Seitenwände, jeweils um 2,5 cm vertieft, von der Brettoberkante ein Querrahmenschenkel aufgesetzt, der als Auflage für den Drahtgitterrahmen gedacht ist.

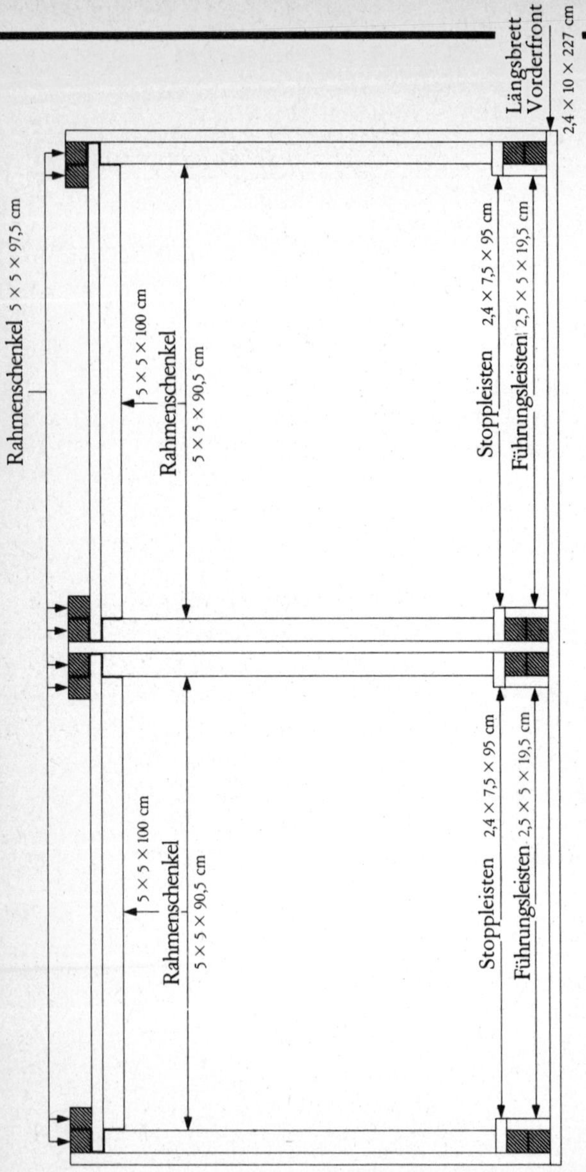

Aufsicht auf das Doppelkammersilo.

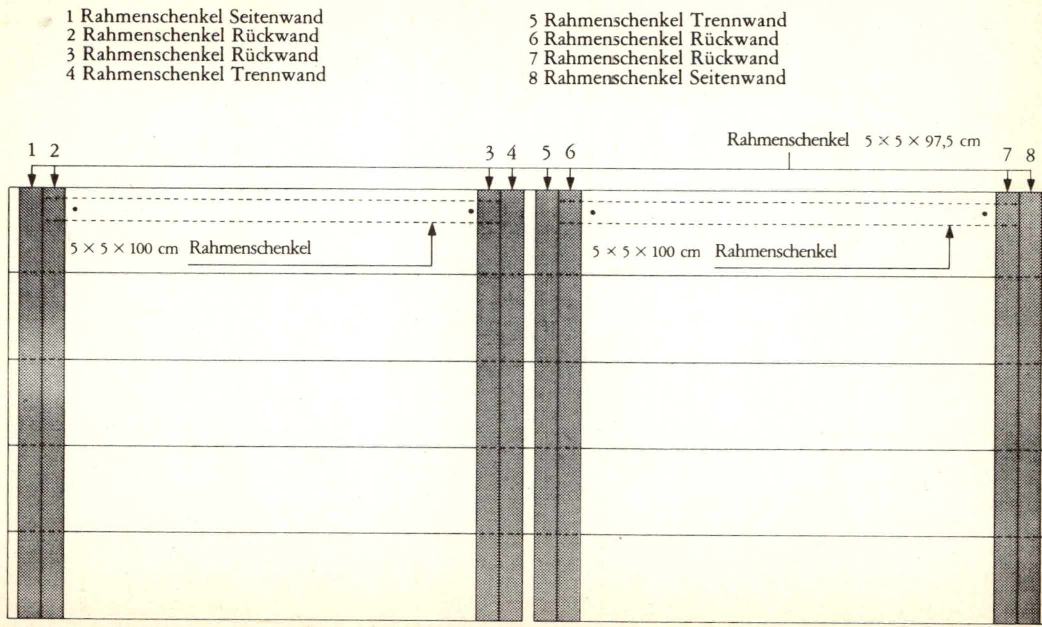

Außenansicht der Rückfront des Doppelkammersilos.

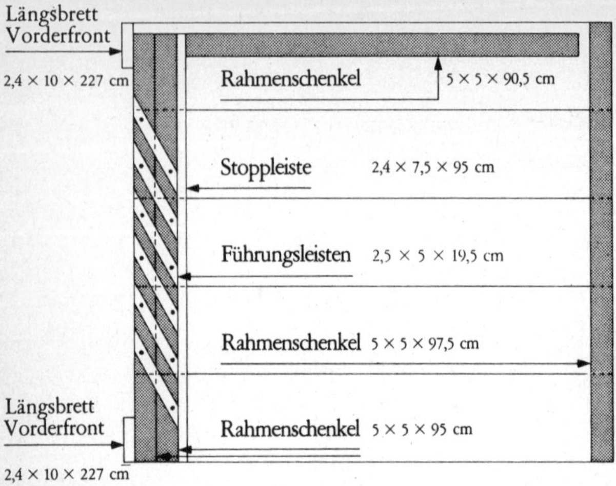

Innenansicht der linken Seitenfront;
die rechte Seitenfront ist entsprechend gebaut.

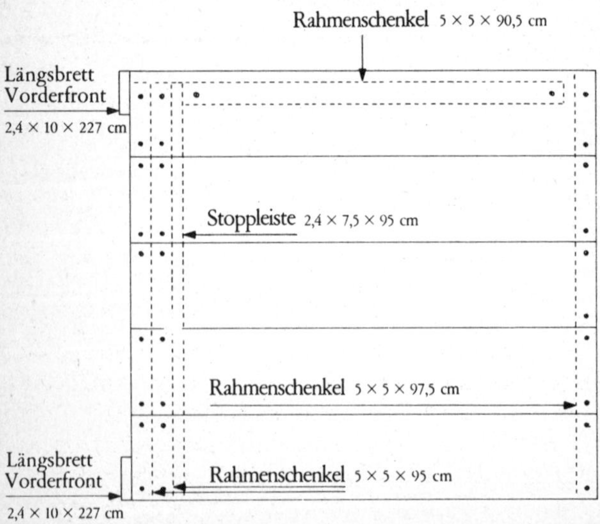

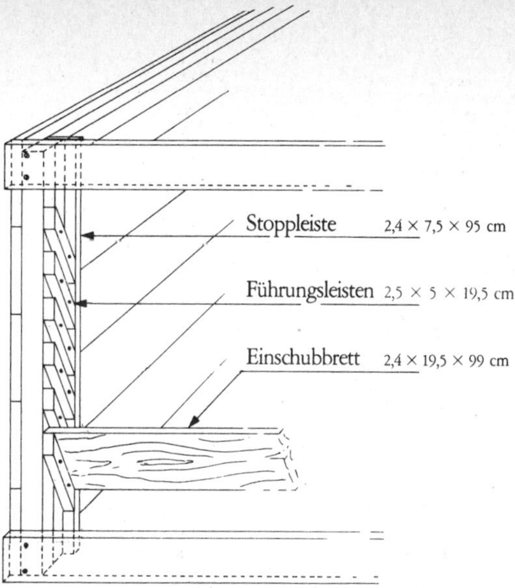

Detailzeichnung: Einschubbretter.

Rückwände

Die beiden Rückwandteile des Silos, Abbildung auf Seite 75, bekommen nach außen je zwei senkrechte Rahmenschenkel, die jeweils um 5 cm nach links bzw. nach rechts versetzt sind. Dadurch lassen sich die Rückwände mit den Seitenwänden und der Trennwand in der Mitte paßgenau zusammenfügen. Siehe auch die „Aufsicht"-Abbildung Seite 74. Die Teile werden vom Innenraum des Silos her miteinander verschraubt oder genagelt. Auch auf den Innenseiten der Rückwände ist auf das oberste Brett, um 2,5 cm vertieft, je ein Rahmenschenkel zur Auflage des Drahtgitterrahmens aufgesetzt. Dieser von außen nicht sichtbare Rahmenschenkel wurde auf der Zeichnung von Seite 75 zum besseren Verständnis mittels Strichlinie angedeutet.

Trennwand mit Durchschlupf

Die Trennwand besteht im Gegensatz zu den Seitenwänden und den Rückwänden nur aus vier Brettern mit je 19,5 cm Höhe, das heißt, das unterste Brett fehlt bei der Trennwand und bildet so den Durchschlupf für den Regenwurm. Nachdem das Silo etwa 10 cm vertieft in der Erde steht und bündig mit der Erdoberfläche mit Kies angefüllt wird, verbleibt von der Kiesoberfläche bis zum vierten Brett der Trennwand ein Zwischenraum von etwa 10 cm. Bei diesen Maßangaben ist noch zu beachten, daß die Siloecken eine Backsteinunterlage haben.

Auf der Trennwand wird zur Rückseite hin auf beiden Seiten jeweils ein Rahmenschenkel senkrecht angebracht, der beim Zusammenbau mit den Rückseiten von innen mit Nägeln oder Schrauben mit der jeweiligen Rückseite verbunden wird.

Die auf der Trennwand zur Vorderseite hin auf beiden Seiten aufgenagelten beiden Rahmenschenkel sind zur Befestigung der Führungsleisten vorgesehen. Auch hier verhindert eine auf den hinteren Rahmenschenkel genagelte Stoppleiste das Durchrutschen der Einschubbretter in das Silo.

Vorderfront

Um dem Doppelkammersilo Halt und Stabilität zu geben, wird auf der Vorderseite, siehe auch Abbildung Seite 71 oben und unten über die ganze Silolänge je ein Brett jeweils auf die senkrechten Rahmenschenkel aufgeschraubt oder -genagelt.

Nach Montage des Silos und waagrechtem Aufstellen mit Hilfe von unterlegten Backsteinen in der 15 cm tiefen Baugrube schließt die Oberkante des unteren Längsbrettes ebenerdig bündig ab. Nun sind nur noch die sechs Einschubbretter einzustecken, die man von Zeit zu Zeit so wenden sollte, daß einer eventuell entstehenden Wölbung der Bretter nach außen entgegengewirkt wird und dadurch Spannungen und Verkeilungen weitestgehend vermieden werden.

Die verplatteten Abdeckgitterrahmen (siehe auch Seite 63) werden miteinander verbunden und das Abdeckgitter mit Krampen darauf befestigt. Unabhängig von der Drahtgitterabdeckung ist auch die beim Wabenziegelsteinsilo auf Seite 67 erwähnte Lichtschutzabdeckung auf dem Rahmen zu befestigen.

Man spart sich viel Zeit und Verdruß, wenn einzelne Arbeitsabschnitte wie folgt vorgenommen werden:

1. Beschaffung der Bretter, Rahmenschenkel, Dachlatten und sonstigen Materialien.
2. Herstellen der einzelnen fünf Bauteile.
3. Ausheben der Baugrube bzw. Hangaushub.
4. Zusammenbau der fünf Bauteile in der Baugrube. Man sollte nicht versuchen, den Zusammenbau außerhalb des vorgesehenen Aufstellplatzes vorzunehmen und dann erst das Silo an die richtige Stelle bringen und ins Lot stellen zu wollen. Dies wäre schon vom Gewicht her viel zu schwer. Die waagrechte Aufstellung mit einer Wasserwaage an Ort und Stelle ist bei der Montage der Einzelbauteile dagegen viel einfacher. Am besten geht dies mit entsprechendem Unterlegen von einfachen Backsteinen an den Ecken und an den Überschneidungen.
5. Einbringen der erforderlichen Kieslage.
6. Auffüllen oder Anböschen mit Erde. Dabei das Einstampfen der Erde nicht vergessen, sonst gibt es immer wiederkehrende Bodensenkungen, die Mehrarbeit verursachen. Das umliegende Gelände wird mit Aushuberde ausgeglichen.

Welche Bretter und sonstigen Hölzer beschafft werden müssen, ist aus den nachstehenden Materialbedarfsübersichten zu ersehen. In der Regel sind bei Sägewerken und im Holzgroßhandel folgende Abmessungen vorrätig:
Gehobelte Bretter: 2,4 × 19,5 × 150 cm
Ungehobelte Rahmenschenkel: 5 × 5 × 450 cm
Ungehobelte Dachlatten: 2,5 × 5 × 400 cm
Ungehobelte Bretter würden zwar für den Selbstbau des Doppelkammersilos ausreichen, aber normalerweise sind keine ungehobelten Bretter bei Sägewerken und beim Holzhandel erhältlich, bei denen jedes Brett die gleiche Breite hat. Das ist für den befriedigenden Siloselbstbau jedoch unbedingt erforderlich. Die Hölzer dürfen keinerlei Anstrich erhalten, weil jede Imprägnierung durch die angewendete Chemie für die Regenwürmer und anderen Bodentiere schädlich ist. Bei der Beschaffung der Bretter und Rahmenschenkel ist zu beachten, daß gute Sägewerke und der leistungsfähige Holzhandel dafür eingerichtet sind, diese dem Käufer

auf die gewünschten Maße winkelgenau zu sägen. Das erspart beim Siloaufbau Zeit und Mühe. Dachlatten sägt man dagegen am einfachsten selbst.

Materialbedarf für das Holzsilo

Bauteile	Stück	Holzteilbezeichnung	Abmessung in cm
2 Seitenwände	10	Bretter	2,4 × 19,5 × 110,0
	2	Rahmenschenkel (senkrecht)	5,0 × 5,0 × 97,5
	4	Rahmenschenkel (senkrecht)	5,0 × 5,0 × 95,0
	2	Rahmenschenkel (waagrecht)	5,0 × 5,0 × 90,5
	2	Stoppleisten	2,4 × 7,5 × 95,0
	12	Führungsleisten	2,5 × 5,0 × 19,5
2 Rückwände	10	Bretter	2,4 × 19,5 × 110,0
	4	Rahmenschenkel (senkrecht)	5,0 × 5,0 × 97,5
	2	Rahmenschenkel (waagrecht)	5,0 × 5,0 × 100,0
1 Trennwand	4	Bretter	2,4 × 19,5 × 110,0
	2	Rahmenschenkel (senkrecht)	5,0 × 5,0 × 97,5
	4	Rahmenschenkel (senkrecht)	5,0 × 5,0 × 95,0
	2	Rahmenschenkel (waagrecht)	5,0 × 5,0 × 90,5
	2	Stoppleisten	2,4 × 7,5 × 95,0
	12	Führungsleisten	2,5 × 5,0 × 19,5
1 Vorderseite	2	Bretter	2,4 × 9,5 × 227,0
	6	Einschubbretter	2,4 × 19,5 × 99,0
2 Abdeckrahmen	4	Dachlatten	2,5 × 5,0 × 109,0
	4	Dachlatten	2,5 × 5,0 × 101,5

Zusammenfassung

Stück	Holzteil-bezeichnung	Abmessung in cm
24	Bretter	2,4 × 19,5 × 110,0
2	Bretter	2,4 × 9,5 × 227,0
6	Bretter	2,4 × 19,5 × 99,0
4	Bretter	2,4 × 7,5 × 95,0
8	Rahmenschenkel	5,0 × 5,0 × 97,5
8	Rahmenschenkel	5,0 × 5,0 × 95,0
4	Rahmenschenkel	5,0 × 5,0 × 90,5
2	Rahmenschenkel	5,0 × 5,0 × 100,0
24	Dachlatten	2,5 × 5,0 × 19,5
4	Dachlatten	5,0 × 2,5 × 109,0
4	Dachlatten	5,0 × 2,5 × 101,5

Weiteres Material:
Kies für Kieslage, 10- bis 20-mm-Körnung.
Palisaden. Menge je nach Aufstellart und Gelände bestimmen.
Dachpappe oder starke Folie zum Hinterbauen der Palisaden.
Zum Befestigen dazu die erforderlichen Dachpappennägel.
2 verzinkte Gitter, 100 × 109 cm, Drahtgitterabstand 5 × 5 mm oder 10 × 10 mm.
Schattierungsgewebe, 100 × 109 cm, dunkelgrün zur Helligkeitsabschirmung.
Krampen zum Befestigen der verzinkten Gitter und des Schattierungsgewebes.
2 Handgriffe für die Abdeckgitter.
Etwa 240 Nägel, 60 mm lang,
70 Nägel, 80 mm lang, und
16 Nägel, 40 mm lang (letztere für Abdeckgitter).
Wahlweise können auch Schrauben verwendet werden.

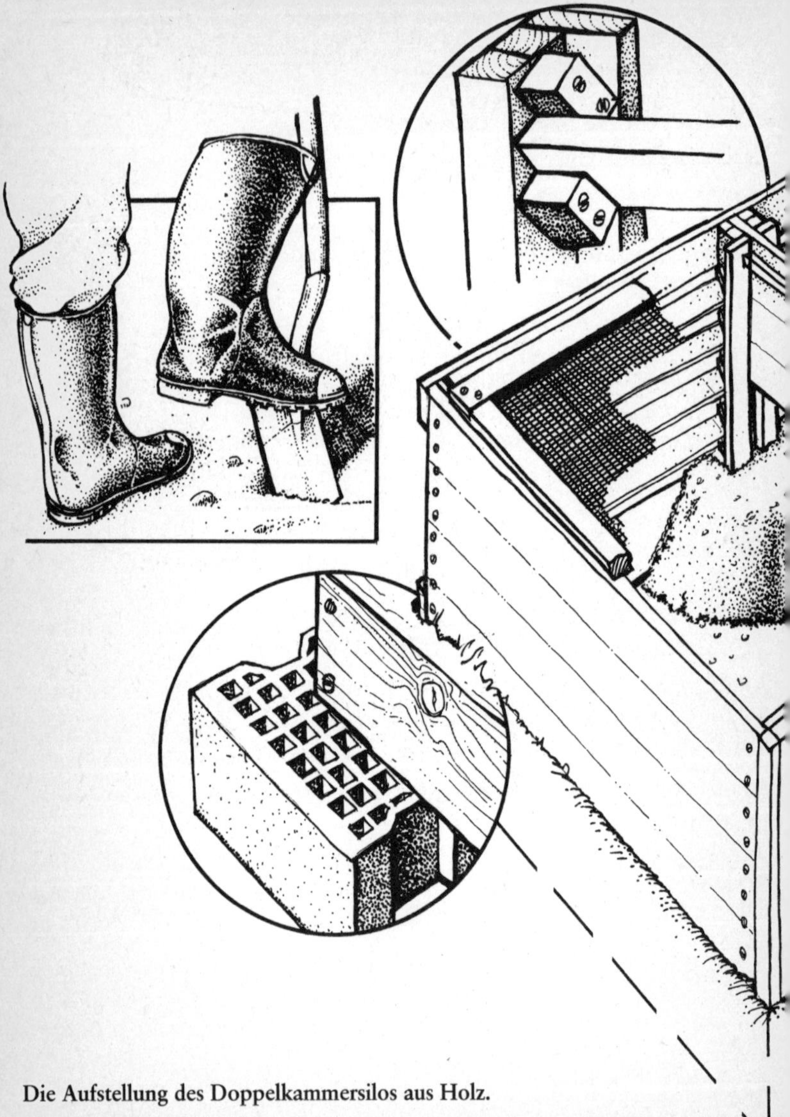

Die Aufstellung des Doppelkammersilos aus Holz.

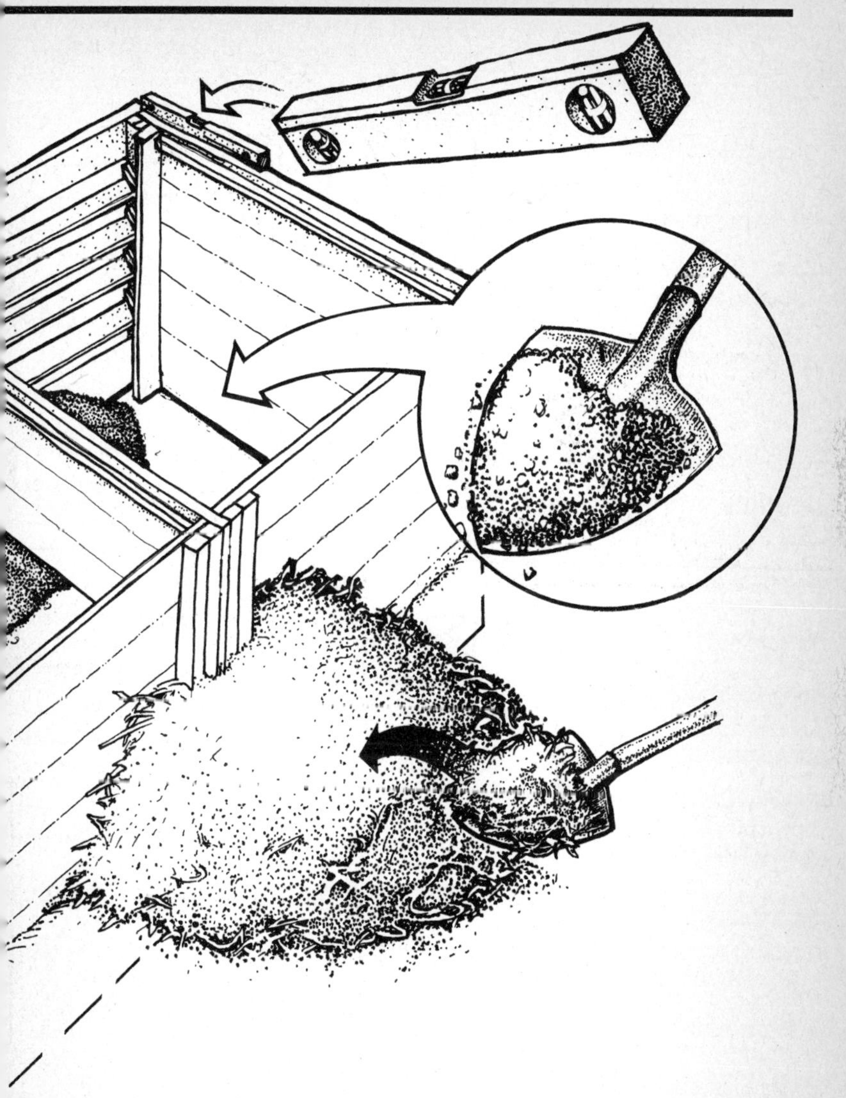

Regenwurmvermehrung im Doppelkammersilo

Zur Regenwurmfütterung eignen sich insbesondere alle organischen Abfälle der Küche und des Gartens, zerkleinert auf 5 bis 10 cm Länge. Außerdem alles samenfreie Unkraut. Angefaulte Äpfel und Zwiebeln, Zwiebelschalen, angerotteter Lauch und Schnittlauch, Teesatz und Kaffeesatz samt Filterpapier sind für den Regenwurm besondere Leckerbissen, die er bevorzugt und die auch die Wurmvermehrung anregen und beschleunigen.
Rasenschnitt ist sehr wertvoll. Er wird aber immer nur kurzgeschnitten, gut vermischt mit anderem Futtermaterial und leicht angerottet verwendet. Dies gilt auch für Herbstlaub. Der Anteil an Rasenschnitt und Laub sollte je Futterlage nicht mehr als 25 Prozent des Materialgemisches ausmachen. Günstig ist es, Herbstlaub in einem Drahtsilo oder sonstigen Silo bis zum Frühjahr zu lagern und erst dann zur Fütterung zu verwenden. Auch Nußbaumlaub kann als Regenwurmfutter unbedenklich verwendet werden, wenn es über Winter im Freien gelagert wird. Dann ist es für den Regenwurm sogar ein Leckerbissen. Man hat bisher geglaubt, man dürfe Nußbaumlaub wegen der in ihm vorhandenen Gerbsäure nicht zur Kompostierung und für den Gemüsebau verwenden. Der Regenwurm gibt uns hier, wie auf vielen anderen Gebieten, eine bessere und zuverlässigere Lehre. Dung von Kühen, Pferden, Ziegen, Schafen, Federvieh, Kaninchen sowie gehäckseltes Stroh sind zur Regenwurmfütterung sehr wertvoll. Auch dies muß angerottet sein. Gut angerotteter Kuhmist kann ab und zu auch als eine etwa 15 cm hohe Lage für sich allein in das Regenwurmsilo eingebracht werden. Alle anderen Tierdünger sind mit dem übrigen Futtermaterial zu vermischen. Für jedes Futtergemisch ist die Beigabe von etwas Gartenerde, Rasen und, so man hat, halbreifem Kompost von Nutzen.
Trester von Äpfeln, Birnen, Johannisbeeren und Weintrauben sowie Trester von Pflanzen- und Kräutersaftwerken sind für die Fütterung des Regenwurms ebenfalls sehr günstig. Die Tresterpressungen sind vor der Verfütterung gut aufzulockern und durchzufeuchten. Der Regenwurm frißt auch Sägemehl und selbst Papier und Karton, wenn es unbedruckt oder nur schwarz bedruckt ist.

Buntbedrucktes ist zu vermeiden. Papier und Kartons müssen kleingeschnitzelt sein und sind entsprechend anzufeuchten. Sägemehl, Papier und Karton müssen immer mit anderem Futtermaterial gut vermischt werden.
Fein eingestreut in die Futtermasse sind außerdem sehr günstig: Hornmehl, Hornspäne, Blutmehl, Baldrianblütenextrakt, Brennnesseln, Farnkraut und Rainfarn. Als weitere Zusätze sind zu empfehlen: Basaltmehl, Kaolin, Tonmehl, Urgesteinsmehl, Algomin und Rohphosphat. Diese Zusätze streut man jedoch immer nur in Kleinstmengen auf die Futterschicht und auch nur zwei oder drei der genannten Zusätze gemeinsam.
Die günstigste Zeit für den Beginn einer Regenwurmzucht liegt zwischen April und September. Die kälteren Monate sind weniger geeignet. Man kann für die erforderliche Anrottung das Regenwurmfutter im voraus in der Nähe des zu erstellenden Regenwurmsilos längere Zeit lagern. Die durchmischte Futtermasse soll immer etwas feucht sein, damit sie gut anrotten kann. Es ist darauf zu achten, daß die Futterrohmasse nicht zu feucht und auch nicht zu gepreßt liegt. Sie beginnt sonst zu faulen und zu stinken. Im übrigen gibt es zum Zerkleinern von Futterstoffen verschiedene geeignete Häcksler. Bei der Entscheidung, ob man einen Häcksler anschafft oder nicht, ist zu bedenken, daß auch für Mulchzwecke das Mulchmaterial zerkleinert und möglichst angerottet sein sollte.

Futtertechnik im Silo

Für die Kammerfüllungen der Wurmzucht-Doppelkammersilos muß unterschieden werden zwischen Wabenziegel- und der Holzbauweise. Der unterschiedliche Kammerfüllungsaufbau wird durch die Verschiedenheit der Schlupflöcher in der Silotrennwand bestimmt.
Bei der Silobauweise mit Wabenziegeln befindet sich zwischen den beiden Kammern des Silos eine Trennwand, die im unteren Teil eine Aussparung von 20 × 40 cm aufweist, welche dem Wurmwechsel von Kammer zu Kammer dient. Dieser Durchschlupf kann durch einen Abdeckschieber geschlossen werden, und zwar auf beiden Seiten der Trennwand, also von jeder Kammer aus. Bevor man die erste Futterlage mit 15 bis 20 cm Höhe und den Zucht-

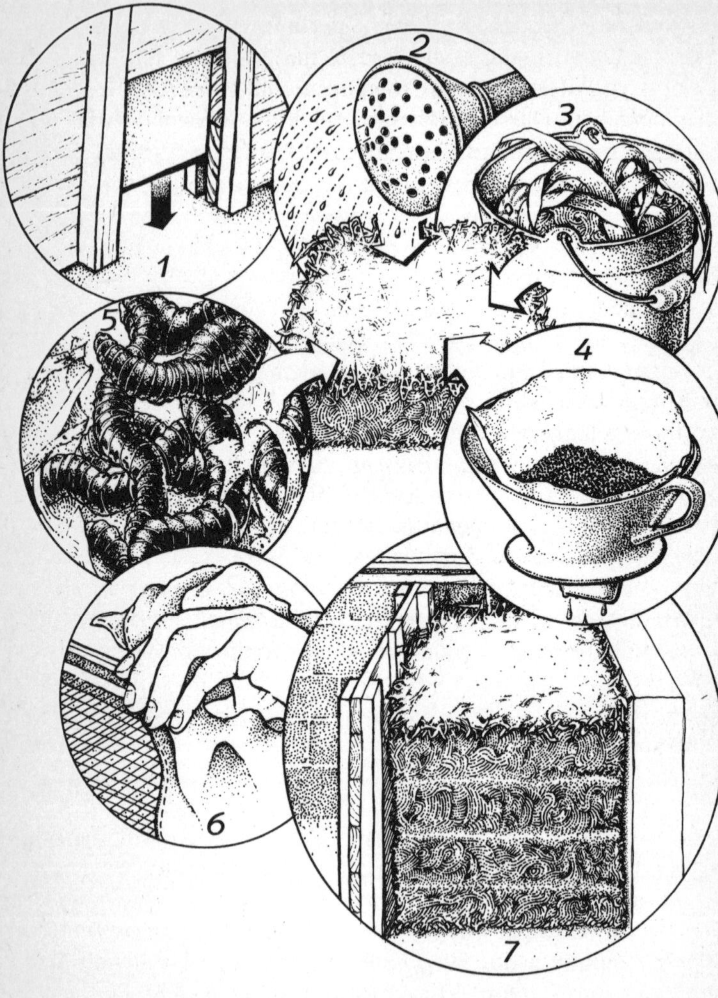

Kammerfüllung beim Doppelsilo aus Wabenziegeln: Durchschlupf mit Schieber (1), Abbrausen (2), Zugabe von Lauch, Schnittlauch oder Zwiebeln (3) sowie von Kaffeesatz (4) ist besonders für die erste Schicht günstig; Zugabe des Grundbesatzes an Regenwürmern, Abdecken der Silokammer gegen Licht (6), fertige Silokammer (7).

stamm der Regenwürmer in eine Kammer einbringt, muß man zuerst mit dem Abdeckschieber den Durchschlupf schließen, und zwar von der Seite der Gegenkammer aus, damit die Regenwürmer nicht in die vorläufig noch leere Kammer abwandern können. Der ersten Futterlage sollte man immerhin etwa 1000 Regenwürmer beigeben. Der Grundbesatz der Regenwürmer wird einfach auf die erste Futterlage, die vorher gut angefeuchtet wurde, gleichmäßig verstreut. Die Silokammer deckt man unmittelbar danach gegen Lichteinwirkung ab. In wenigen Minuten sind dann die Regenwürmer im Futtergemisch verschwunden. Es ist gut, wenn man besonders der ersten Futterschicht etwas Kaffeesatz, Lauch, Schnittlauch, Zwiebelschalen (das Gemüse gut angerottet) beigibt. Dies ist natürlich auch für die weiteren Futterlagen günstig.
Nach etwa 5 bis 6 Wochen ist die erste Futterlage von den Regenwürmern zunächst grob durchgearbeitet. Nun wird die nächste Futterfüllung 15 bis 20 cm hoch aufgesetzt. Das wiederholt sich alle 5 bis 6 Wochen, bis die Silokammer bis 5 cm unterhalb der Siloabdeckung gefüllt ist. Mit nur 1000 Exemplaren als Anfangsbesatz erfolgt die Fortpflanzung und Vermehrung zunächst noch langsam; dementsprechend langsam ist der Umsatz an Substrat im Silo. Mit dem zahlenmäßigen Erstarken der Zucht nimmt die Notwendigkeit zu, stärker nachzufüttern. Mit optimaler Besetzung ist die erste Kammer nach ca. 7 Monaten vollständig durchgearbeitet, so daß die Umleitung der Regenwürmer in die zweite Silokammer erfolgen kann. Die Regenwürmer leben und vermehren sich bevorzugt immer in der obersten Schicht. Sie ziehen sich nur dann in die unteren Schichten zurück, wenn ungenügendes Futter, zuwenig oder zuviel Feuchtigkeit, zuviel oder zuwenig Wärme sie dazu veranlassen. Es soll immer nur eine Futterschicht nach der anderen von den Regenwürmern grob durchgearbeitet werden. Es wäre falsch, höhere Futterlagen auf einmal aufzusetzen. Besonders während der wärmeren Jahreszeit ist bei Bedarf die oberste Kompostmasse jede Woche mit Regenwasser oder abgestandenem Wasser mit einer Gießkanne zu begießen.

Die Füllung der zweiten Silokammer

Im Prinzip ist der Futteraufbau genau derselbe wie bei der ersten Silokammer. Wenn der Zeitablauf zur Vollreife des Regenwurm-

kompostes in der ersten Silokammer abzusehen ist, kommt der Zeitpunkt für das Entfernen des Abdeckschiebers von der Trennwand für den Futteraufbau in der zweiten Silokammer. Dazu ist folgendes noch sehr wichtig: Vor dem Regenwurmwechsel von der ersten zur zweiten Silokammer muß man zunächst in der ersten Kammer etwa eine Woche vorher mit der weiteren Fütterung aufhören. Erst dann darf man den Abdeckschieber vor der Trennwand entfernen und mit dem Futteraufbau in der zweiten Kammer beginnen. Der Inhalt der ersten Silokammer muß nach wie vor feucht gehalten werden, damit sich die in der Reifekompostmasse befindlichen Eikokons noch voll entwickeln können.
Die schon erwähnten Leckerbissen für die erste Futterlage dürfen nicht vergessen werden! Kaffeesatz ist dabei besonders wertvoll. Die Regenwürmer, die in der ersten Silokammer jetzt nicht mehr genügend Futter vorfinden, spüren wo eine bessere Futterquelle ist. Schon nach wenigen Tagen werden sie deshalb in die zweite Silokammer überwechseln. Daß nun zwischen der ersten und der zweiten Silokammer der Trennwanddurchschlupf nicht verschlossen ist, hat keine Bedeutung. Die Regenwürmer, die einmal übergewechselt sind, gehen nicht in die frühere Kammer zurück, es sei denn, in der neuen Kammer wären die Lebensverhältnisse (Futter, Feuchtigkeit, Wärme, Kälte) für sie völlig unzureichend.
Sollte die zweite Silokammer zwischenzeitlich als Lagerstätte zur Sammlung von Futter benutzt worden sein, so ist dieses nun herauszunehmen, um den Abdeckschieber vor der Trennwand entfernen zu können. Besser ist es auf jeden Fall, das Futter im Freien zu lagern, weil dort die für die Verrottung nötige Sauerstoffzufuhr günstiger ist, das Material einfacher gemischt und besser feucht gehalten werden kann. Der Regenwurmwechsel von der zweiten zurück in die erste Kammer läuft wieder gleich.
Während bei der vorstehend beschriebenen Siloausführung aus Wabenziegelsteinen die Trennwand als Schlupfloch einen Abdeckschieber aufweist, hat das Holzbausilo einen immer geöffneten Durchschlupf, der keiner besonderen Bedienung bedarf.
Die Kammern, ob erste oder zweite, werden grundsätzlich gleich gefüllt. Nur muß statt der Bedienung des erwähnten Abdeckschiebers die zweite, leere Kammer bis zur Durchschlupfhöhe ebenfalls mit Futter aufgefüllt werden, das jedoch sehr mager sein soll, wie

Das Füllen der zweiten Kammer des Doppelkammersilos geschieht genauso wie bei der ersten Kammer (siehe Seite 86).

zum Beispiel mit angerottetem Rasenschnitt, Strohhäcksel, Sägemehl usw. Alles muß aber etwas angefeuchtet sein.
Würde man den Durchschlupf zur gegenüberliegenden Kammer nicht so abschirmen, so könnten sich die Würmer vorübergehend in die noch leere Kammer verirren, was möglichst zu vermeiden ist, weil sie dort Schaden nehmen könnten. Sollten sich jedoch die Regenwürmer von der mit gutem Futter aufgefüllten Kammer einmal in das magere Futter der zweiten Kammer verirren, so werden sie sehr rasch wieder in das fettere Futter der Auffüllkammer zurückkehren.
Wird der Wurmwechsel von der ersten in die zweite Silokammer vorgenommen, so wird man natürlich zuerst das magere Abdeckfutter entfernen, um es später als Schlupflochabdeckung für die erste Kammer zu verwenden.
Es ist natürlich ohne weiteres möglich, die vereinfachte Ausführung des Durchschlupfs des Silos in Holzbauweise auch für das Doppelkammersilo aus Wabenziegelsteinen zu übernehmen. Man kann damit sehr viel Zeit bei der Herstellung der Trennwand sparen und sich darüber hinaus auch den Futteraufbau in den Silokammern vereinfachen.

Die Winterversorgung der Regenwürmer im Doppelkammersilo
Gegen Frost und Austrocknung ist der ausgewachsene Regenwurm sehr empfindlich. Die Eikokons und die Jungwürmer sind dagegen viel widerstandsfähiger. Die Siloabdeckung zur Dämmung des Lichteinflusses ist zwar für Sommer und Winter in milderen Gegenden dieselbe – es empfiehlt sich aber in rauheren Gebieten, während der kälteren Jahreszeit der allgemeinen Abdekkung noch eine Strohmatte beizugeben. Auch die Andeckung der Siloaußenwände mit Torfballen, Strohballen, Laub oder Erde ist günstig, sofern das Silo nicht schon in eine Böschung eingebaut wurde.
Da im Herbst in der Regel der größte Anfall und die beste Beschaffungsmöglichkeit für Futter vorliegen, sollte man über den Winter immer beide Kammern zur Regenwurmzucht nutzen. Die Gründe dafür: Im Frühjahr ist der Regenwurmkompost für die Düngung und die Wurmvermehrung im Freiland am wertvollsten. Werden beide Kammern gleichzeitig zur Kompostierung genutzt, so ist der

Winterabdeckung des Silos mit Stroh.

Wärmehaushalt während der kalten Jahreszeit weit günstiger, als wenn nur eine Kammer belegt wäre.
Wenn irgend möglich, sollte man vor dem Wintereinbruch auf beide Kammern als letzte Lage gut angerotteten Stallmist oder halbreifen Kompost oder Obsttrester, etwa 20 cm hoch, aufbringen. Damit erreicht man in den beiden Silokammern einen guten Wärmehaushalt und hat darüber hinaus für längere Zeit eine wertvolle Vorratsfütterung, auf der dann weitere Futtermassen nach Bedarf folgen können.
Sofern aus irgendeinem Grund eine Silokammer für die Regenwurmzucht über Winter nicht zu belegen ist, muß man sie mit trockenem Herbstlaub, Strohhäcksel, Heuhäcksel oder anderen wärmehaltenden Stoffen füllen. Dieses Füllmaterial kann nach der kalten Jahreszeit – Torf ausgenommen – als Wurmfutter verwendet werden.
Wird ein Doppelkammersilo zu klein, so sollte man nicht nur einfach eine weitere Kammer anfügen. Damit würde der störungsfreie Kreislauf der Kompostierung nicht mehr klappen. Wenn ein so großer Futtermaterialanfall vorliegt, so ist es absolut zweckmäßig, ein zweites Doppelkammersilo anzulegen.
Die in den Zeichnungen jeweils angegebenen Maße sind aus vielen Gründen zweckmäßig. Der Regenwurm kann infolge der größeren Inhaltsmasse bei vorangeschrittener Füllung, zu großer Wärme oder Kälte, zuviel oder zuwenig Feuchtigkeit, auf andere Stellen ausweichen. Der Wärmehaushalt ist während der kalten Jahreszeit, wegen des größeren Bewegungsraumes innerhalb größerer Inhaltsmassen, besser im Gleichgewicht zu halten. Außerdem ist bei kleineren Silokammern die Herausnahme des Reifekompostes beschwerlich.
Mit einem Abwandern des Regenwurms aus dem Kompostsilo ist zu rechnen, sobald die Futtermasse nach völligem Durcharbeiten ihre volle Kompostreife erreicht hat und der Regenwurm nicht mehr genügend Futter vorfindet. Solange man im Kompostsilo noch Raum für weitere Futterauflagen zur Verfügung hat und für gute Fütterung sorgt, wird kein Regenwurm aus seiner Behausung abwandern.
Sofern Reifekompost in den Silos selbst oder auch in gesonderten Vorratssilos bis zum Verbrauch noch längere Zeit gelagert wird, ist

es empfehlenswert, den Reifekompost mit geeigneter Futtermasse etwa 20 cm hoch abzudecken und ausreichend feucht zu halten. Der Regenwurm bleibt dann aktiv und vermehrt sich fleißig weiter. Für eine solche Futterlage eignet sich ganz besonders Kuhmist, sofern er zu beschaffen ist.

Entnahme des Regenwurmkompostes
Vollreifer Regenwurmkompost enthält kaum noch ausgewachsene Regenwürmer, sondern nur Eikokons und Kleinstwürmchen, die sich naturgemäß in den oberen Substratschichten der Streu aufhalten. Um vollreifen Regenwurmkompost auf die Pflanzbeete des Freilandes, die Frühbeete und ins Gewächs- und Folienhaus zu bringen, muß man wie folgt vorgehen: Man wähle für diese Arbeit einen bewölkten Tag. Die Temperatur sollte nicht unter 15 °C liegen. Die Pflanzbeete sind zunächst mit der Harke 5 cm tief zu lokkern und mit der Gießkanne anzufeuchten. Das Anfeuchten ist wichtig, damit die im Kompost enthaltenen Kleinstwürmchen gleich guten Bodenkontakt bekommen.
Für die Entnahme aus der Silokammer benötigt man eine Spatengabel sowie einen Muldenschubkarren oder Eimer. Bevor man den vollreifen Regenwurmkompost entnimmt, ist die obere, lockere Schicht abzunehmen und in die andere Silokammer zu geben. In dieser oberen Schicht kann sich immer noch eine bestimmte Anzahl größerer Regenwürmer aufhalten. Nach der Kompostentnahme ist die Silokammer wegen der Lichteinwirkung gleich wieder abzudecken. Der Regenwurmkompost wird etwa 1 bis 3 cm hoch gleichmäßig auf die Beete gestreut, mit der Harke leicht in den Boden eingeharkt und mit der Gießkanne besprengt.
Man kann gleich anschließend Setzlinge pflanzen, sofern die Zeit dafür gerade günstig ist. Mit dem Besäen der Beete sollte man warten, bis diese an der Oberfläche abgetrocknet sind. Erst dann läßt sich der Boden fein rechen – so wie es für die Aussaat erforderlich ist.
Die bei entsprechend günstigen Entwicklungsbedingungen schlüpfenden Jungwürmer finden bei Vorhandensein ausreichender Nahrung gute Lebensbedingungen in den Beeten. Im Freiland entwickeln sich die Regenwürmer aus den Eikokons schon bei 16 bis 20 °C. Wird der Boden genügend feucht gehalten, so beträgt die

Entnahme und Ausbringen des Komposts und die notwendigen Geräte.

Schlüpfzeit nach dem Einbringen des Regenwurmkompostes etwa 3 bis 4 Wochen. In den Frühbeeten und Beeten im Gewächs- und Folienhaus sind diese Zeiten noch kürzer. Kompostbedeckte Beete müssen in der ersten Zeit vor Vögeln geschützt werden. Es gibt dafür Vogelschutznetze und andere Möglichkeiten, die auf Seite 55 beschrieben sind.
Günstig ist es, immer nur ein Pflanzbeet nach dem anderen für die Beschickung mit Regenwurmkompost vorzusehen. Ratsam ist es auch, hierfür zunächst die Beete zu wählen, auf denen zum Beispiel Kohl, Tomaten Gurken, Melonen, Zucchini, Sellerie oder Bohnen gepflanzt werden, weil man hier in den Zwischenräumen mit kurzem Rasenschnitt, nicht blühendem Unkraut, gut angerottetem Laub, halbreifem Normalkompost und ähnlichem leicht mulchen kann. Wurmfütterung durch Mulchen und Feuchthalten der Pflanzbeete ist für die Arbeit des Regenwurms und seine Vermehrung wichtig. Auf Spaten und Hacke kann und muß man verzichten, wenn der Gartenboden genügend mit Regenwürmern durchsetzt ist.

Beetpflege mit Wurmkompost

Zuviel Feuchtigkeit schadet dem Regenwurm

Man sollte nicht zuviel Wasser auf einmal in größeren Zeitabständen auf die Pflanzbeete gießen. Lieber etwas weniger und in kürzeren Abständen, so daß nur die obere Bodenschicht von 10 bis 20 cm gut befeuchtet, aber niemals eingeschlämmt ist. Ein zu üppiges Gießen würde einem starken, anhaltenden Regenguß gleichkommen, der den Gartenboden so durchtränkt, daß die Luftzufuhr abgeschnitten wird.

Um den Regenwurmbesatz je qm Gartenerde ungefähr zu ermitteln, hebt man mit einer Spatengabel einen Spatenstich von knapp 20 cm Gartenerde aus. Wenn sich in dieser Bodenmenge zum Beispiel 12 Regenwürmer befinden, so vervielfacht man diese Menge um das 35fache, um so den Regenwurmbesatz je qm Gartenboden zu ermitteln ($12 \times 35 = 420$ Regenwürmer je qm Gartenboden). Beim Multiplikator „35“ wird von der Erfahrungstatsache ausgegangen, daß zum groben Umlegen von 1 qm Gartenboden etwa 35 größere Spatengabelstiche erforderlich sind.

Die mögliche Regenwurmzahl je qm Gartenboden darf man ruhig noch höher beziffern. Es sind schon weit mehr Regenwürmer in den Pflanzbeeten gefunden worden. Natürlich braucht man zu solchem Regenwurmbesatz mehrere Jahre und auch jährlich entsprechende Kompostgaben. Bei einem Regenwurmbesatz von 200 bis 400 Würmern je qm Gartenboden wird man pH-Werte von 6 bis 7 vorfinden, die gute und gesunde Ernten gewährleisten.

Umspaten oder nicht umspaten?

Darüber entscheidet allein der vorhandene Besatz an Regenwürmern. Befinden sich in der oberen Schicht des Gartenbodens etwa 100 bis 200 Regenwürmer je qm, so kann und muß man auf das Umgraben mit dem Spaten verzichten. Dies würde den Regenwürmern und dem gesamten anderen Bodenleben nur schaden. Bodentiere und Bodenbakterien finden nur dort ihre besten Lebens- und Vermehrungsgrundlagen, wo Spaten, Spatengabel und Hacke für die Bodenbearbeitung ihre frühere Bedeutung ganz verloren haben. Die Bodentiere besorgen die Zerkleinerung organischer Massen bis zur Mineralisierung. Spaten und Spatengabel können niemals die wertvolle Arbeit des Regenwurms ersetzen. Die Bodenbearbeitung und das Einarbeiten aufgelegter Mulch-und Naturdungstoffe besorgen die Regenwürmer und das übrige Bodenleben zuverlässig. Zum 5 cm tiefen Beharken des Bodens sind jetzt nur noch Harke oder Bodenlüfter erforderlich. Nie tiefer als 5 cm harken, um das Leben der Bodentiere und Bakterien nicht zu stören. Der Regenwurm und die sonstigen Bodentiere bearbeiten den Boden in der Regel von der Bodenoberfläche aus gerechnet bis 15 bis 20 cm Tiefe. Darum darf diese obere von Regenwürmern belebte Schicht normalerweise nie umgegraben werden. Es würde sonst die teilweise unbelebte untere Bodenschicht nach oben kommen und die am meisten belebte Bodenschicht nach unten. Die lebenden Bodenorganismen leiden dann in der unteren Bodenschicht unter Sauerstoffmangel, die vorhandenen organischen Stoffe würden vermodern oder verfaulen.

Befinden sich im Gartenboden nur ganz wenige oder gar keine Regenwürmer, so ist das ein untrügliches Zeichen für einen kranken oder gar toten Boden. Zur Durchlüftung und Sauerstoffzufuhr wird man solchen Boden, besonders im Herbst, für die Winterzeit noch ein- oder zweimal unter Beigabe von Gesteinsgranulat und Flußsand (keinen Maurersand!) umspaten müssen.

Stallmist oder Kompostmist?

Bringt man selbst gut angerotteten Stallmist in den Gartenboden, so ist im Hinblick auf die Humusbildung schon nach einem halben Jahr nur noch ein Fünftel und nach 2 Jahren so gut wie nichts mehr davon im Boden zu finden. Echter Humus, sogenannter Dauerhumus, entsteht im Boden nur dann, wenn sich im Gartenboden zuvor ein reicher Besatz an Regenwürmern und anderen Bodentieren angesiedelt hat, die für den Abbau der organischen Massen zu Dauerhumus ausreichend und zuverlässig sorgen. Wenn man darum das Glück hat, den immer rarer werdenden Stallmist zu beschaffen, so sollte man diesen unbedingt über die Regenwurmkompostierung zu wertvollem Dauerhumus werden lassen und damit den höchstmöglichen Düngewert erreichen.

Regenwürmer für den Normalkompost

Der Regenwurm und das sonstige Bodenleben sind für das Normalkompostverfahren gleichermaßen wichtig. Überall dort, wo man auf den Normalkompost infolge sehr großer Kompostierungsmassen nicht verzichten kann, sollte man die Kompostierung mit Hilfe von Regenwürmern hinzunehmen. Man erhält dadurch die unschätzbare Möglichkeit, den Normalkompost mit Regenwurmzuchtkompost zu impfen und so in diesem das Regenwurm- und sonstige Bodenleben zu vervielfachen. In diesem Fall ist beim Normalkompost auf chemische Zusätze, auch Kompoststarter, unbedingt zu verzichten.

Das Impfen mit Regenwurmzuchtkompost geschieht wie folgt: In jedem Kompostsilo oder bei Mieten mit einer Länge von 1 m wird jeweils in der Mitte der oberen Schicht ein Loch mit 40 cm ∅ und etwa 30 cm Tiefe ausgehoben. In dieses Loch bringt man bei bewölktem Himmel etwa 5 Liter halbreifen Regenwurmzuchtkompost, der neben Eikokons auch noch kleinere bis mittelgroße Regenwürmer enthält. Dann wird das Loch etwa 20 bis 25 cm hoch abgedeckt und künftig die Oberfläche gut feucht, aber niemals zu naß gehalten. In der wärmeren Jahreszeit entwickeln sich dann auch im Normalkompost reiches Wurm- und Bodenleben. Das Impfen mit Regenwurmzuchtkompost darf nur erfolgen, wenn die Temperatur in der Miete oder im Silo nicht höher als 30 °C ist.

Bodenverbesserung

Die oberen 10 bis 15 Zentimeter der Gartenerde sind die Bodenschichten mit der größten Lebensvielfalt. Hier spielen sich die natürlichen Ab- und Umbauprozesse mit Hilfe der pflanzlichen und tierischen Bewohner des Bodens ab. Eine der Grundregeln des biologischen Gartenbaus lautet: Laß den Boden niemals ohne Bedeckung. Geeignete Substrate werden zwischen den Pflanzenreihen aufgebracht. Während der Vegetationsphase spricht man von **Mulchen**, bringt man Schichten verrottbarer Stoffe während der Pflanzenruhe auf, so handelt es sich um **Oberflächenkompostierung**. Schließlich kann die Bodenbedeckung durch eine genau aufeinander abgestimmte Mischkultur oder durch **Gründüngung** erreicht werden. Welches Verfahren auch gewählt wird, Sinn ist, daß der Gartenboden beschattet wird. Damit wird erreicht, daß

- die Feuchtigkeitsführung ausgeglichen erfolgt;
- die Porenbildung in den oberen Bodenschichten verbessert wird;
- der Boden locker und krümelig wird; keine Verschlämmung bei Platzregen;
- eine direkte Umsetzung von Nährstoffen in den oberen Zentimetern erfolgt;
- Unkräuter weniger gute Entwicklungsmöglichkeiten finden;
- Bodenerosion verhindert wird;
- die Anzahl der im Boden lebenden Nutzorganismen wirkungsvoll vergrößert wird und darüber hinaus noch eine Reihe von Vorteilen, auf die noch eingegangen werden soll.

Flächenkompostierung verlegt demnach humusbildende Prozesse, die sonst im Komposthaufen ablaufen, auf die oberen Schichten des Gartenbodens. Der Kompost behält dank der beständigen Ton-Humus-Komplexe länger seine Depotfunktion und unterstützt so das Pflanzenwachstum erheblich – besonders bei den stark zehrenden Kulturen. Zu ihnen zählen bekanntlich Tomaten, Gurken, Mais, Kohlsorten, Sellerie, Kürbis und Zucchini.

Mulchen

Mulchen bedeutet Abdecken des Bodens mit abgestorbenen oder für diesen Zweck abgeschnittenen Pflanzenteilen. Man bringt Schichten von bis zu 10 cm Dicke auf die Beete. Das Material sollte möglichst kurz gehäckselt sein, damit es sich den jeweiligen Bodenstrukturen gut anschmiegen kann und im Verein mit Zersetzungsprozessen und Wetterbedingungen einen dichten, aber lockeren Bodenteppich bilden kann. Besonders geeignet zum Mulchen ist Rasenschnitt, der jedoch nur 2 bis 3 cm hoch aufgebracht werden darf. Wird mit Stroh gemulcht, oder benutzt man kleingehäckseltes Zeitungspapier und Kartonagen, muß man wegen des unzureichenden Stickstoffgehaltes dieser Substrate zusätzlich Hornmehl einstreuen. Bestens geeignet für das Mulchen sind schließlich Materialien, die bei der Kompost-Sammelstelle anfallen, zerkleinert und einer kurzen Vorrotte unterzogen worden sind. Während des Pflanzenwachstums nimmt die Dicke der Mulchschicht beständig ab; wo nötig, muß sie wieder erneuert werden. Ideal wirkt das Mulchen in Verbindung mit aufgestreutem Kompost, der dann durch den Mulch vor dem Austrocknen geschützt wird. Wichtig ist, daß alle Substrate keine Unkrautsamen enthalten, sonst büßt man den eingesparten Arbeitsaufwand bei der Bodenbearbeitung durch das Unkrautzupfen wieder ein.

Mulchen ist abhängig von der Witterung. Zu dickes Aufmulchen im Frühjahr kann beispielsweise über die entstehende Verdunstungskälte den Boden zu kühl halten und die Keimung verzögern. Daher heißt es mit Beginn des Pflanzens zu mulchen. Hat man Saatreihen mit einer dünnen Schicht Mulch bedeckt (allenfalls 2–3 cm), so sind beim Auflaufen der Saat die Saatreihen freizuhalten, damit die Keimlinge sich ungehindert entfalten können. Mulchen ist speziell für lockere Böden geeignet. Auf keinen Fall darf sich Mulch verdichten, was die Bodenatmung beeinträchtigt – „schon ist im Garten was faul". Amseln lieben es, die Mulchdecke aufzuzupfen, um nach Regenwürmern zu suchen. Diese Gefahr ist um so kleiner, je größer die mit Mulch versehenen Flächen im Garten sind. Im übrigen sind Schutznetze häufig ohnehin unumgänglich. Ist die

Vegetation erst einmal richtig in Gang gekommen, ziehen sich Amseln vom Gemüsegarten zurück.
Systematisches Mulchen bedeutet, daß ein sehr großer Anteil des Kompostierungsmaterials schon auf dem Weg der Flächenkompostierung in den Boden gelangt und direkt genutzt wird. Wichtig ist auch in diesem Fall das ausgeglichene C-N-Verhältnis: Bringt man überwiegend kohlenstoffhaltiges Mulchmaterial aus, so kann es zu einer Bindung der Stickstoffmengen des Bodens an die mit der Strohzersetzung befaßten Bakterien kommen, akuter Stickstoffmangel im Gartenboden wäre die Folge. Horn- oder Blutmehle sind als gute Stickstoffspender das probate Gegenmittel. Man muß Mehle nehmen, weil im Gegensatz zu Hornspänen beim Hornmehl eine sofortige Freisetzung von Stickstoff gewährleistet ist, während Hornspäne eher als Langzeitdepot wirken. Stickstoffmangel kann auch wirksam bekämpft werden, indem man sogenannte Stickstoffsammler extra zum Mulchen anbaut, in noch grünem Zustand häckselt und als Mulch verwendet (bekanntlich sind alle Leguminosen, z. B. Bohnen, Erbsen, Klee, Wicken und Lupinen, Stickstoffsammler). Werden Mulchen und Kompostwirtschaft kombiniert, richtet man sich nach dem jeweiligen Bedarf der verschieden stark zehrenden Pflanzen:

Starkzehrer	*Schwachzehrer*	*Stickstoffsammler*
Kohlsorten	Möhren	Erbsen
Gurken	Zwiebeln	Bohnen
Kürbis	Radieschen	Lupinen
Zucchini	Rettiche	Klee
Paprika	Feldsalat	Wicken
Tomaten	Spinat	
Sellerie	Rote Bete	
Kartoffeln	Petersilie	
Mais	Kohlrabi	
	Knollenfenchel	
	Chicoree	
	Chinakohl	

Oberflächenkompostierung

Früher ging man davon aus, im Herbst Mist unterzugraben, um dem Garten während der Winterruhe die dem Boden entzogenen Nährstoffe wieder zuzuführen. Heute hat man erkannt, daß das Untergraben wenig sinnvoll ist, weil dabei häufig unter Luftabschluß Fäulnisprozesse in Gang gesetzt werden, die keine Verbesserung der Bodenqualität mit sich bringen. Deshalb empfiehlt sich, die Substrate – besonders auch Mist – in dicker Oberflächenschicht (bis zu 25 cm hoch) aufzubringen und zunächst weiter keine Kultivierungsarbeiten vorzunehmen. Vor dem Ausbringen, d. h. schon bei Abschluß der Ernte, wird der Boden mit der Grabeforke nur oberflächig gelockert. Erfahrene Biogärtner benutzen für die Lokkerungsarbeit einen Bodenkultivator (z. B. Sauzahn), der die Bodenschichtung erhält, aber wirksam auflockert. So vorbereitet, arbeitet der belebte Boden unter der Mulchdecke. Feuchtigkeit, Frost und alle mit dem Winterhalbjahr verbundenen Witterungsverhältnisse tun das ihrige, um den Kompostierungsvorgang zu beeinflussen. Im Frühjahr, zur Zeit der Bodenbestellung, nimmt man die unzersetzt gebliebenen Mengen vom Boden ab und führt sie der normalen Kompostierung zu. Mit Dauerkompost (im Jahresverlauf 6 kg je qm) aufgebessert, kann man nun die übliche Gartenarbeit beginnen.

Gründüngung

Mit geeigneten Gründüngerpflanzen kann der Gärtner zur richtigen Zeit dafür sorgen, daß der Boden sinnvoll genutzt und vor allem entsprechend bedeckt ist, ohne dem Boden weitere Nährstoffe zu entziehen. Es soll vielmehr erreicht werden, den Boden zusätzlich anzureichern. Wählt man zur Spätsommer- oder Herbstaussaat Sorten, dic frostempfindlich sind (z. B. Gelbsenf), so welken bei Frostbeginn die Pflanzen ab und bleiben auf dem Boden liegen. Man erspart sich also einen weiteren Arbeitsgang. Während der übrigen Zeit in der Wachstumsphase sind die Gründüngerpflanzen rechtzeitig abzuschneiden und als Mulch zu verwenden.

Hügelbeet

Abschließend soll in diesem kleinen Buch über Kompost und Regenwürmer noch eine weitere Methode der Verwendung von Garten- und Küchenabfällen vorgestellt werden, die ebenso wie der Komposthaufen oder die Kompostmiete mit der Zeit zu einem nährstoffreichen Humus führt. Bei dem Hügelbeet handelt es sich um eine gärtnerische Technik, die in den letzten Jahren immer mehr Eingang in die Privatgärten gefunden hat. Sie verbindet in idealer Weise den Nährstoffbedarf unterschiedlicher Gemüsepflanzen mit den verschiedenen Phasen im Verrottungsprozeß von Garten- und Küchenabfällen.
Für das Anlegen eines Hügelbeetes im Garten gibt es einige gute Gründe. Zunächst vergrößert man damit bei relativ kleinen Gärten die nutzbare Fläche; dann ist das Hügelbeet eine gute Methode, den Gartenboden langfristig mit organischer Substanz anzureichern, wenn man immer neue Beete hinzufügt und so mit der Zeit die gesamte verfügbare Gartenfläche in ein Hügelbeet-System einbezieht. Weiter kann man sich mittels eines Hügelbeetes auch grober Gartenabfälle, wie des Strauch- und Baumschnitts einschließlich etwa anfallender Stammteile bis zu ca. 10 cm Dicke, bequem entledigen und kompostieren. So ist das Hügelbeet gerade für Gärten mit vielen Bäumen und Sträuchern ideal. Schließlich bietet das einmal angelegte Hügelbeet, am besten ringsum mit befahrbaren Platten versehen, eine Möglichkeit für gehbehinderte Personen, Gartenpflege selbst vom Rollstuhl aus zu betreiben.
Befürworter des Hügelbeetes betonen immer wieder, daß die Ernteerträge größer seien als auf Normalbeeten. Solcher Erfolg setzt auf jeden Fall viel Pflegebereitschaft beim Hobbygärtner voraus. Nachteilig kann sich die erhöhte Lage bei langanhaltender Trockenheit und ungünstigen Bedingungen zum Gießen auswirken. Gelegentlich berichten Gärtner vom Eindringen von Mäusen in die unteren und zwangsläufig mit Hohlräumen durchsetzten Bereiche. Da muß man mit Ködern arbeiten. Beim Mulchen und Nachdüngen mit ausgereiftem Kompost (Oberflächendüngung spätestens vom zweiten Kulturjahr an) sollte man Hügelbeete nicht viel anders behandeln als normale Beete.

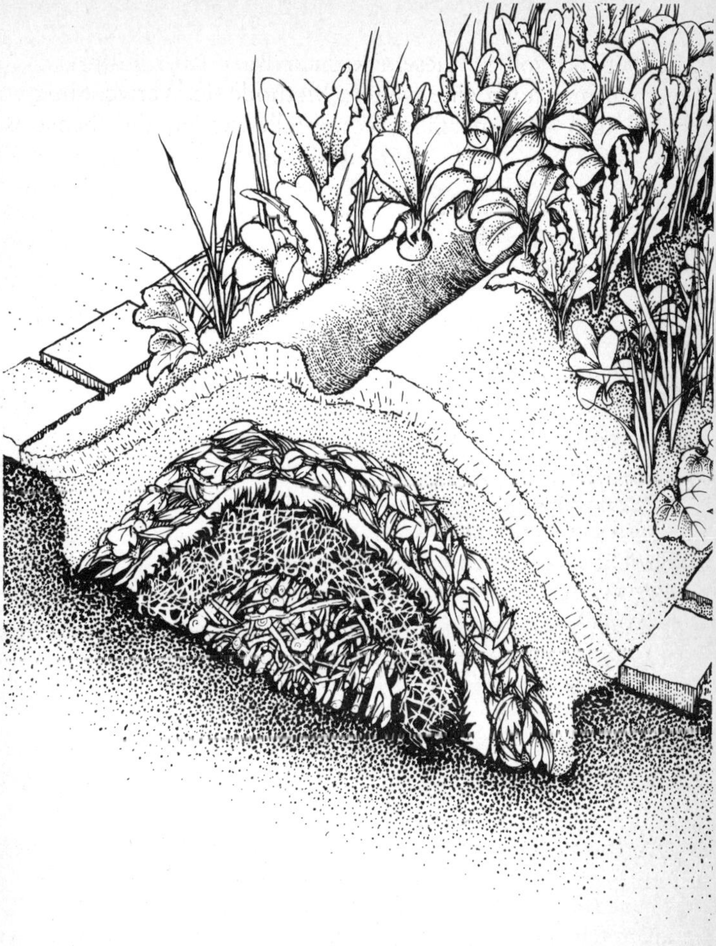

Das Hügelbeet im Querschnitt.

Aufbau des Hügelbeets: Ausheben eines Grabens (1), Zerkleinern des Kompostmaterials (2), sperriges Gut nach unten, kleingehäckseltes Material darüber (3), erste Zwischenschicht (4), Laub (5), Mist und Abfälle (6), Erdschicht vom Aushub (7), Gesteinsmehl oder Algominpuder (8), fertiges Hügelbeet (9).

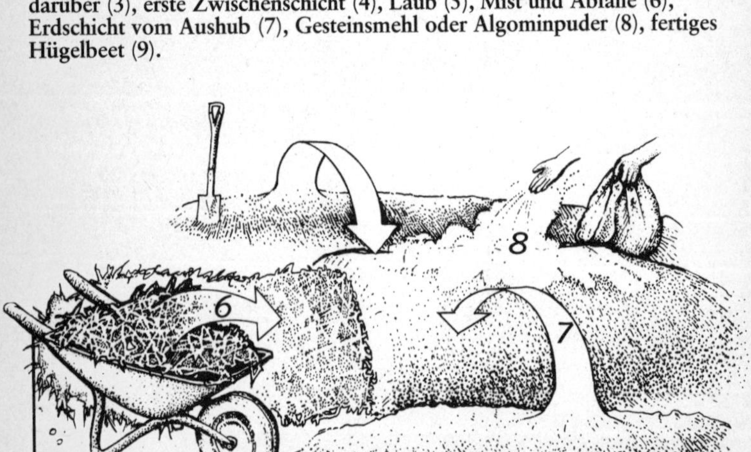

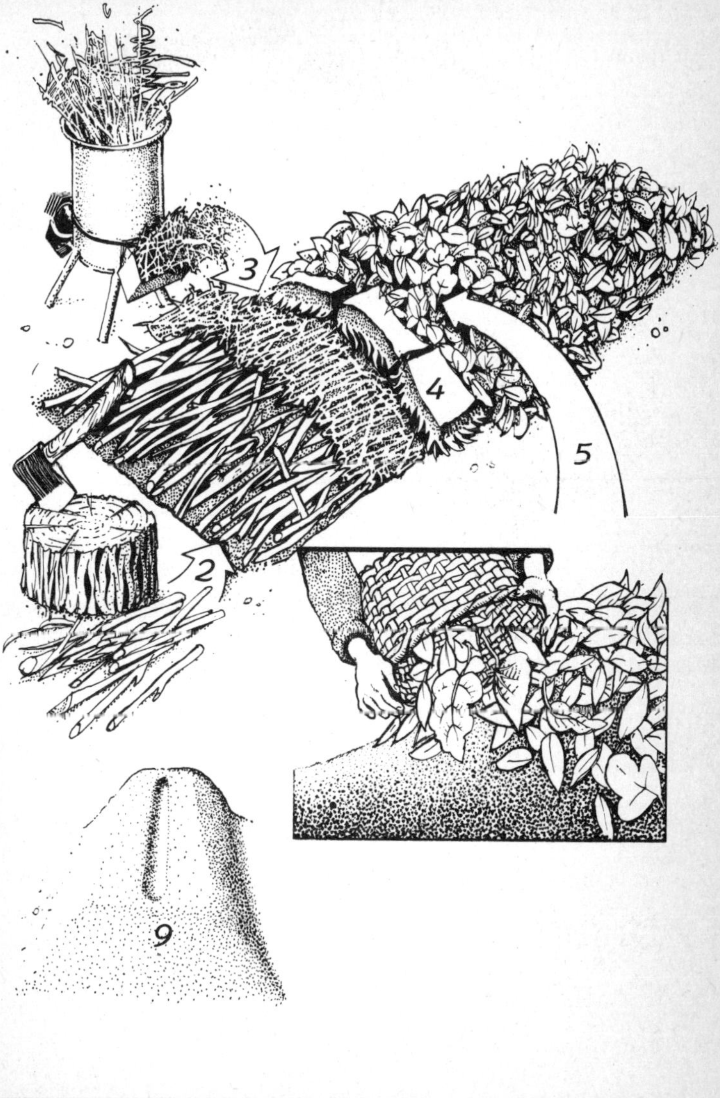
3
4
5
2
9

Zur Anlage des Hügelbeetes hebt man zunächst in der vorgesehenen Länge (die sich einzig nach den jährlich anfallenden und verfügbaren verrottbaren Substanzen richtet) und etwa auf 180 cm Breite einen bis zu 50 cm tiefen Graben aus. Meist reicht eine Tiefe von 30 cm. Die Längsrichtung sollte genau in Süd-Nord-Richtung verlaufen, weil sonst auf der sonnabgewandten Seite Licht und Schatten ungünstig wechseln. Das ausgehobene Erdreich deponiert man praktischerweise links und rechts des Grabens, so erspart man sich mühsames Transportieren des Aushubs auf die jeweils andere Beetseite beim Aufbringen der Zwischenschichten und der abschließenden Deckschicht.
Ist die Grube ausgehoben, legt man zunächst die sperrigsten Materialien (dicke Äste, Strauchabschnitte usw.) ihrer Dicke nach von unten nach oben hinein, tritt sie gut fest, um möglichst viel Raum auszufüllen, und bringt die erste Zwischenschicht Erde (ca. 5 cm) darauf. Dann folgen abwechselnd Schichten von Laub, Mist, Abfällen aus der Kompost-Sammelstelle, Küchenabfälle, Kartonagen, Zeitungspapier usw. Es ist ratsam, die einzelnen Schichten mit einer dünnen Erdschicht zu bedecken und darüber hinaus eine dünne Schicht Gesteinsmehl oder Algenmehl sowie abwechselnd Hornspäne, Blutmehl, Knochenmehl und andere Präparate zur Verbesserung des Kohlenstoff-Stickstoff-Verhältnisses auf die einzelnen Schichten zu streuen. Das Hügelbeet ist fertig, wenn man eine Anfangshöhe von etwa 80 cm über dem normalen Bodenniveau erreicht hat. Die Breite des Beetes an der Oberseite beträgt jetzt ca. 40 cm, und das Beet fällt im nicht zu steilen Winkel bis auf die Breite der Grundfläche ab. Zu guter Letzt wird mit einer Schicht Erde, die nicht dünner als 10 cm sein sollte, eine Deckschicht aufgebracht. Es empfiehlt sich, die Seiten schon beim Aufsetzen gut festzutreten und auch abschließend mit Hilfe eines Brettes oder dergleichen festzudrücken. Eine abschließende Schicht aus Strohhäcksel oder einem anderen Mulch verhindert anfangs mögliche Erosion durch Niederschläge. Während des Winterhalbjahres in frostfreier Lage aufgesetzt und im Frühjahr abschließend mit der Deckschicht versehen, kann sofort die Bestellung erfolgen. Ebenso ist denkbar, das Hügelbeet schon im Herbst fertigzustellen und bis zum Frühjahr unbepflanzt stehenzulassen. Beim Bepflanzen entspricht die Reihenfolge von Jahr zu Jahr dem

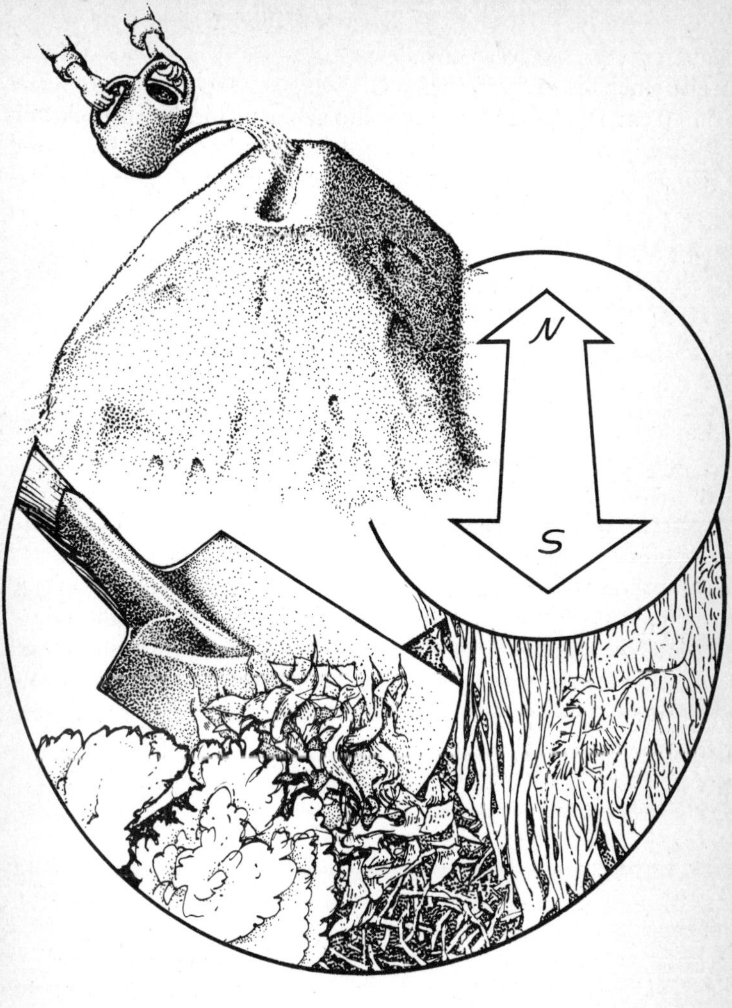

Gießen des Hügelbeets bei Trockenheit: Gießrinne an der Oberseite, abfallend von Norden nach Süden.

nachlassenden Gehalt an pflanzenverfügbaren Nährstoffen. Wenn man zusätzlich die Grundprinzipien der Mischkultur realisiert und berücksichtigt darüber hinaus eine genaue Zusammenstellung von Vor-, Haupt- und Nachfrucht (möglicherweise ergänzt durch Zwischensaaten), wird das Hügelbeet seine ganze Produktivkraft entwickeln und dem Gärtner reichen Ertrag bringen. Mit dem Aneinanderschalten von jeweils einem Beet pro Jahr wird nach vier Jahren eine Bestellung im 4-Jahres-Rhythmus möglich. Dieser Fruchtwechsel wirkt Schädlingen und Pflanzenkrankheiten entgegen. Im Laufe der vier Jahre sackt das Hügelbeet nach und nach zusammen und führt zu einer gewissen Anhöhung des Bodenniveaus im Garten insgesamt. Vor der Bestellung muß jeweils neu die Hügelform in der Höhe modelliert werden, da sie durch Bestellung, Pflege und Ernte stark in Mitleidenschaft gezogen wird. Um bei Trockenheit gießen zu können, richtet man an der Oberseite in der Mitte eine Gießrinne ein, die von Nord nach Süd abfallen sollte, so daß nur vom hinteren Ende her gegossen werden muß. Um das Gießwasser nicht zu schnell ablaufen zu lassen, kann man in 1-m-Abständen kleine Zwischenstaus modellieren, die zunächst dafür sorgen, daß diese Segmente erst einmal ausreichend gewässert sind, ehe das Wasser überfließen kann und dem nächsten Segment zur Verfügung steht. Zudem lassen sich wassergefüllte Flaschen mit dem Hals nach unten in das Erdreich stecken, aus denen das Wasser dann langsam in die Wurzelzone sickern kann. Gleichmäßige Wasserzufuhr ist etwa bei Kohlpflanzen zum Zeitpunkt der Kopfbildung von ganz erheblicher Bedeutung, eine Wasserflasche in der Nähe einer Kohlpflanze stellt die notwendige Wasserzufuhr sicher. Unkräuter treten bei entsprechender Mischkultur und beim richtigen Pflanzabstand kaum auf, weil durch das üppige Wachstum der Nutzpflanzen zuwenig Licht für die „Beikräuter“ zur Verfügung steht.

Literatur

Brickell, Christopher, Hrsg. (1985): Das große Ravensburger Gartenbuch. Anleitungen für den Hobbygärtner. Otto Maier Verlag, Ravensburg

Bruce, May E.: Gartenglück durch Schnellkompost. Waerland-Verlagsgenossenschaft, Mannheim

Franck, Gertrud (1980): Gesunder Garten durch Mischkultur. Südwestverlag, München

Graff, Otto (1983): Unsere Regenwürmer. Lexikon für Freunde der Bodenbiologie. Verlag Schaper, Hannover

Heynitz, Krafft v./Merckens, Georg (1980): Das biologische Gartenbuch. Gemüse, Obst, Blumen, Rasen auf biologisch-dynamischer Grundlage. Verlag Eugen Ulmer, Stuttgart

Heynitz, Krafft v. (1983): Kompost im Garten. Verlag Eugen Ulmer, Stuttgart

Schulze, Manfred (1985): Biogemüse selber ziehen. Otto Maier Verlag, Ravensburg

Trolldenier, Günter (1971): Bodenbiologie. Die Bodenorganismen im Haushalt der Natur. Kosmos, Franckh'sche Verlagshandlung, Stuttgart

John Seymour
Selbstversorgung auf dem Lande und aus dem Garten
Landwirtschaft alternativ
Ravensburger

John Seymour
Selbstversorgung auf dem Lande und aus dem Garten
Obst und Kräuter aus dem Garten
Ravensburger

John Seymour
Selbstversorgung auf dem Lande und aus dem Garten
Im Nutzgarten arbeiten
Ravensburger

John Seymour
Selbstversorgung auf dem Lande und aus dem Garten
Gemüse anbauen
Ravensburger

John Seymour
Selbstversorgung auf dem Lande und aus dem Garten
Vorräte anlegen Handwerklich arbeiten
Ravensburger